APL

Problemorientierte Einführung

Von
Dr. Michael A. Curth
und
Dr. Helmut Edelmann

2., erweiterte Auflage

R. Oldenbourg Verlag München Wien

Für Karin und Renate & Heinz

CIP-Titelaufnahme der Deutschen Bibliothek

Curth, Michael A.:
APL : problemorientierte Einf. / von Michael A. Curth u.
Helmut Edelmann. – 2., erw. Aufl. – München ; Wien :
Oldenbourg, 1988
    ISBN 3-486-20814-4
NE: Edelmann, Helmut:

© 1988 R. Oldenbourg Verlag GmbH, München

Gesamtherstellung: Huber KG, Dießen

ISBN 3-486-20814-4

Inhaltsverzeichnis

Vorwort IX

Teil 1   APL — Eine interaktive Programmiersprache   1
1.   Historische Entwicklung   1
2.   Charakteristika von APL   3
3.   Anwendungsbereiche   6
3.1   Einsatzmöglichkeiten im Hochschulbereich   6
3.2   Einsatzmöglichkeiten in der betrieblichen Datenverarbeitung   7

Teil 2   Einführung in den APL-Sprachumfang 10
1.   Der APL-Zeichensatz 10
2.   Grundlagen 13
2.1   Definition von Variablen 13
2.1.1 Variablenarten 13
2.1.2 Variablenstruktur 14
2.1.3 Wertzuweisung an Variablen 16
2.2   Bildschirmein- und ausgabe 17
2.3   Auswertung von Ausdrücken 18
2.3.1 Rechts-Links-Regel bei der Auflösung von Funktionen und Operatoren 19
2.3.2 Änderung der Auswertungsreihenfolge durch Klammersetzung 19
2.4   Aufgaben 19
3.   APL-Funktionen und -Operatoren 21
3.1   Kriterien zur Einteilung der APL-Funktionen und -Operatoren 21
3.1.1 Einteilung hinsichtlich ihrer Wertigkeit 21
3.1.2 Einteilung nach anwendungsspezifischen Bereichen 22
3.2   Darstellung der APL-Funktionen und -Operatoren nach
      Anwendungsbereichen 24
3.2.1 Arithmetische Funktionen 27
3.2.2 Logische und vergleichende Funktionen 36
3.2.3 Zahlenerzeugende Funktionen 40
3.2.4 Strukturverändernde Funktionen 41
3.2.5 Strukturkomponentenbestimmende Funktionen 52
3.2.6 Funktionen zur Umwandlung von numerischen und alphanumerischen
      Variablen und Daten 55
3.2.7 Operatoren 58
3.3   Aufgaben 61

Teil 3   Die Programmierung mit APL 64

1.   Definition von Funktionen 64
1.1   Unterschied zwischen Ausführungs- und Definitionsmodus 64
1.2   Erstellung eines Beispielprogramms 64
1.3   Ausführung einer definierten Funktion 69
1.4   Editierfunktionen in APL 70
1.5   Aufgaben 73

2.   Behandlung von Fehlern 74
2.1   Interpretation von Fehlermeldungen 74
2.2   Testhilfen zur Fehlerbereinigung 76
2.3   Aufgaben 80

3.   Typen von Funktionen 81
3.1   Dyadische, monadische und niladische Funktionen 81
3.2   Funktionen mit oder ohne Angabe eines expliziten Ergebnisses 82
3.3   Spezifikation globaler und lokaler Variablen 83
3.4   Aufgaben 84

4.   Verwaltung des aktuellen Arbeitsbereiches und der Bibliothek 85
4.1   Systemvariablen 85
4.2   Systemfunktionen 88
4.3   Steuerbefehle 90
4.4   Aufgaben 94

**Teil 4   Ausgewählte Problembeispiele verschiedener wirtschafts-
wissenschaftlicher Anwendungsbereiche und ihre APL-
gestützte Lösung** 96

1.   Anwendungsorientierte Darstellung fortgeschrittener APL-Techniken .. 96
1.1   Verzweigungen – Beispiele aus dem Bereich Finanzierung 96
1.1.1 Grundlagen 96
1.1.2 Fortgeschrittene Verzweigungstechniken 100
1.2   Kommentare – Programmierung von Kalenderalgorithmen 106
1.3   Gestaltung der Ausgabe – ein Beispiel zur Investitionsrechnung 109
1.3.1 Problemstellung und Problemlösung 109
1.3.2 Der Ausgabebereich 111
1.4   Iterationen – ein Simulationsmodell 115
1.4.1 Problembeschreibung und Entwicklung des Simulationsmodells 116
1.4.2 Grundlagen der Iterationstechnik 119
1.4.3 Pseudoschleifen 125
1.5   Unterprogrammtechnik – angewandt auf das Rechnungswesen 127
1.5.1 Problembeschreibung 128
1.5.2 Modulare Problemlösung 130
1.5.3 Rekursive Funktionen 140
1.6   Verarbeitung von Tabellen – ein Planungsproblem 142
1.6.1 Problemstellung und Lösungsentwurf 143
1.6.2 Problemlösungen 146

2. **Der Einsatz von APL-Standardsoftware** 151
2.1 Graphiken – Präsentation der Geschäftsentwicklung 152
2.1.1 Aufgabenstellung 152
2.1.2 Lösung der Aufgabe mit GRAPHPAK 153
2.2 Datenbanken – Auswertungen einer Verkaufsdatei 158
2.3 Spezielle betriebswirtschaftliche Software – Statistik-Software
     zur Analyse und Auswertung volkswirtschaftlicher Zeitreihen 161

Anhang 168

A. **Übersicht über die APL-Funktionen und -Operatoren** 168
B. **Übersicht über die Systemvariablen, Systemfunktionen und
    Steuerbefehle** 171
C. **Lösungen zu den Aufgaben** 173
D. **APL 2** 178
E. **Aktualisierungen** 182
F. **Literaturverzeichnis** 184

Stichwortverzeichnis 186

Vorwort zur 2. Auflage

Die Grundideen dieser problemorientierten Einführung in die Programmiersprache APL, nach denen bereits die erste Auflage konzipiert worden ist, haben sich bewährt, so daß dieselben auch für diese zweite Auflage beibehalten werden konnten.

Wir nutzen im Rahmen dieser zweiten Auflage die Gelegenheit, die wohl nie ganz "ausrottbaren" Fehler zu korrigieren, die sich trotz intensiver Bemühungen in die Erstauflage eingeschlichen haben. Zudem werden einige im Laufe der Zeit nötig gewordenen Aktualisierungen vorgenommen. Dies geschieht auch im Interesse eines größeren englischen Verlagshauses, das sich dazu entschlossen hat, eine Übersetzung des Werkes für den angelsächsischen Sprachraum herauszugeben. Eine wesentliche Erweiterung der zweiten Auflage bildet das Kapitel zur Sprachversion APL2, die seit Erscheinen des Buches im Jahre 1986 stark an Bedeutung zugenommen hat.

Allen, die uns Anregungen und Hinweise für die Neuauflage gegeben haben, möchten wir an dieser Stelle herzlich danken.

Michael A. Curth
Helmut Edelmann

Vorwort zur 1. Auflage

APL ist eine Programmier- bzw. Planungssprache, die in der betrieblichen und
universitären Datenverarbeitung zunehmend an Bedeutung gewinnt. Das vorliegende Lehr- und Nachschlagewerk ist als Grundlage zur umfassenden Einarbei-
tung in die interaktive Programmiersprache APL für Studenten der Wirtschaftswissenschaften und für Endbenutzer in der betrieblichen Datenverarbeitung
konzipiert. Der anwendungsbezogene Aufbau dieses Buches basiert zum einen
auf Vorlesungen und Übungen für APL, die die Verfasser für Studenten der
Wirtschaftswissenschaften an der Universität Essen GHS seit mehreren Seme-
stern halten. Zum anderen konnten zahlreiche Erfahrungen aus dem praktischen
Einsatz von APL in verschiedenen Unternehmen verwertet werden.

Der erste Teil des Buches behandelt die historische Entwicklung, besondere
Eigenschaften und die Anwendungsmöglichkeiten von APL. Teil 2 beinhaltet die
Grundlagen der Sprache APL sowie eine systematische Darstellung aller sprach-
eigenen Funktionen und Operatoren. Der einführende Block in die Sprachbe-
standteile von APL wird mit Teil 3 durch die Beschreibung der Erstellung,
Verwaltung und Validierung von APL-Programmen abgeschlossen.
Den zweiten großen Block des Buches bildet der vierte Teil, in dem die Lösung
ausgewählter Problembeispiele verschiedener wirtschaftswissenschaftlicher Anwendungsbereiche mit APL gezeigt wird. Dabei werden fortgeschrittene Programmiertechniken und die Verwendung von APL-Standardsoftware demonstriert.

Aufgaben, die den Inhalt einzelner Kapitel bzw. Abschnitte beinhalten, er-
leichtern das schrittweise Durcharbeiten des Buches. Im Anhang befinden sich
neben den Aufgabenlösungen Übersichten zu den wesentlichen APL-Funktionen/
-Operatoren sowie zu Systemvariablen, -funktionen und Steuerbefehlen. Bei der
Benutzung dieses Buches als Nachschlagewerk sind besonders gekennzeichnete
Hinweise im Text und ein ausführliches Stichwortverzeichnis hilfreich.

Allen, die uns bei der Erstellung des Buches unterstützt haben, möchten wir
an dieser Stelle herzlich danken. Ganz besonders danken wir für die schreib-
technische Umsetzung der verschiedenen Entwicklungsstufen des Manuskriptes
Frau Erika Vorholt, Frau Regine Weiß und Frau Karin Edelmann, die außerdem
als Ehefrau einer besonderen Belastung ausgesetzt war. Nicht zuletzt gilt
unser Dank Herrn Dipl.-Volksw. Martin Weigert für die bereitwillige Betreuung
in allen redaktionellen Fragen.

Michael A. Curth
Helmut Edelmann

Teil 1
APL – Eine interaktive Programmiersprache

1. Historische Entwicklung

Die vierziger Jahre werden heute als begründende Dekade der Computertechnologie angesehen, innerhalb derer vier Computergenerationen anhand ihrer
Schaltelemente unterschieden werden (vgl. Abb. 1). Strittig ist dabei, ob
der Beginn der 1. Computergeneration mit der Fertigstellung der Z3 von
Konrad Zuse im Jahre 1941 zu sehen ist, die auf Relaisschaltungen beruhte,
oder mit der 1946 gebauten ENIAC, die auf der Basis von Elektronenröhren
funktionierte.

Entwicklungsstufe	Schaltelemente	Beschreibung
1. Computer- generation 1941 - 1954	Relais	1941: Z3 - 1. funktionsfähiger Com- puter mit Programmsteuerung durch gelochten Normalfilm
	Elektronenröhren	1946: ENIAC - Programmsteuerung durch fest verdrahtete Schalttafeln
2. Computer- generation 1955 - 1967	Transistoren	Elektronenröhren durch Transistoren ersetzt, dadurch • geringere Störanfälligkeit • kompaktere Form • höhere Geschwindigkeit
3. Computer- generation 1968 - 1977	Integrierte Schaltkreise	Integration von Bauelementen (z.B. Widerstände und Dioden) auf einem Siliziumplättchen (Chip) mit 64 Schaltkreisen auf 9 mm^2
4. Computer- generation ab 1978	Hochintegrierte Schaltkreise	64 000 Schaltkreise auf Chips mit einer Fläche von 30 mm^2

Abb. 1: Entwicklungsstufen der Computertechnologie

Für den Anwender einer EDV-Anlage ist in erster Linie die Form relevant, in der er ihr Arbeitsvorschriften mitteilen kann. Eine logisch zusammenhängende Reihe von Arbeitsvorschriften wird **Programm** genannt. Zum Abfassen von Programmen wurden Sprachen geschaffen, die man als **Programmiersprachen** bezeichnet (vgl. SCHMITZ/SEIBT 1985, S. 131). Auch im Rahmen der Programmiersprachen lassen sich historisch verschiedene Entwicklungen abgrenzen:

- Programmierung in Maschinensprache
- Programmierung in maschinenorientierten Sprachen
- Programmierung in problemorientierten Sprachen.

Die Programmierung in Maschinensprache war sehr zeitaufwendig und fehlerintensiv, weil als Arbeitsvorschriften nur Ziffern verwendet wurden, die Daten und Speicheradressen beinhalteten. Aus den Nachteilen der Anwendungen von Maschinensprachen abgeleitet, wurden die maschinenorientierten Sprachen geschaffen, die jeden Maschinenbefehl durch ein Buchstabenkürzel und die zugehörige Speicheradresse darstellten. Aus der Entwicklung problemorientierter Programmiersprachen in den 60er Jahren resultierend, ergab sich dann für den Anwender die Möglichkeit, seine Probleme in verständlicher Form zu beschreiben und zu lösen.

Neben problemorientierten Programmiersprachen wie COBOL, FORTRAN, ALGOL und PL/1 entstand auch APL, das sich ganz erheblich von den anderen Sprachen unterscheidet (vgl. Kapitel 2, Charakteristika von APL). Als geistiger Vater der Sprache APL muß Kenneth E. Iverson angesehen werden, der sie 1962 in einem Buch mit dem Titel "A Programming Language" (IVERSON, 1962) beschreibt.

Seit der ersten Implementierung von APL für das IBM-System /360 im Jahre 1966 wurden eine Reihe von Sprachentwicklungen durch namhafte DV-Hersteller wie IBM, I.P. SHARP und SPERRY UNIVAC vorangetrieben. Besondere Bedeutung kommt dabei der im Jahre 1974 von IBM vorgestellten APLSV-Version zu, die durch "Gemeinsame Variable" (Shared Variables) die Möglichkeit schafft, innerhalb von APL-Programmen auch auf Daten und Geräte außerhalb des APL-Systems zuzugreifen. Ein weiterer wichtiger Meilenstein innerhalb der APL-Sprachentwicklung wird vermutlich die ebenfalls von IBM in den letzten Jahren entwickelte APL2-Version sein, deren Hauptfortschritte in einer weiteren Integration von APL in unterstützende Partnerprogramme (wie z.B. Datenbankzugriff) und einem mächtigeren Sprachumfang liegen (vgl. JANKO, 1985, S. 26f.).

2. Charakteristika von APL

Die wesentlichen Charakteristika der Programmiersprache APL lassen sich am
besten durch Vergleiche von APL mit anderen problemorientierten Programmiersprachen zeigen.

Eine Grundphilosophie fast aller Sprachen ist die Verwendung von Schlüsselworten, die dem Programm einen selbstdokumentierenden Charakter verleihen.
Hieraus resultiert aber die Gefahr, daß bei komplexen und verwickelten Zu-
sammenhängen zuviel Text einen Blick auf das Wesentliche verwehrt. In solchen Fällen hilft sich der Mensch im allgemeinen durch kurze prägnante Symbole (Beispiele aus dem täglichen Leben sind Verkehrszeichen, Notenschrift
und Graphiken). Dieser Tatsache versucht APL durch eine Reihe einfacher,
nichtverbaler Symbole gerecht zu werden; Schlüsselworte fehlen hier ganz.

Beispiel:

Die Anweisung innerhalb eines PL/1-Programms zur Ausgabe der Zahl 14 ist
etwa:

        PUT LIST ('14');

In APL würde dieselbe Anweisung lauten:

        □←14

Dabei wird das Zeichen " □ " als Fenster bezeichnet, das Zeichen " ← " als
Zuweisungspfeil. Interpretiert man diese Symbolik, so wird also die Zahl 14
auf ein Fenster geschrieben und damit ausgedruckt, da alles, was auf einem
Fenster steht, gelesen werden kann.

Insgesamt stehen in APL über 80 solcher Symbole zur Verfügung. Da APL sowohl zur Gruppe der numerisch-wissenschaftlichen als auch zur Gruppe der
kaufmännischen Sprachen gehört, decken die APL-Symbole verschiedenste Funktionen ab. Mit Hilfe der Symbole erweitert APL lediglich die aus der Mathematik bekannten Zeichen, wie z.B. "+" für Addition, " > " für Vergleich auf
"Größer" und "!" für Fakultätbildung. Dabei benutzt der Anwender nur diejenigen Symbole, die er zur Lösung seiner Probleme benötigt, und kann sich
so seine eigene Untermenge der Sprache definieren.

Ein weiteres typisches Merkmal von APL ist die Rekombination von Zeichen,
d.h., durch Zusammensetzung verschiedener einzelner Zeichen mit eigener Bedeutung entsteht ein neues Symbol mit neuer Semantik.

Beispiel:

SYNTAX	SEMANTIK	BEISPIEL
AUS o	MIT ⊤⊤ MULTIPLIZIEREN	o2
		6.283185
UND *	POTENZIEREN	2*3
ENTSTEHT		8
●	LOGARITHMIEREN ZUR BASIS E	●2.71828182
		1

Abb. 2: Beispiel für die Rekombination eines Symbols

Aufgrund der mächtigen, nichtverbalen Symbole und der Rekombinationsmöglich-
keit von Zeichen sind APL-Programme um ein Vielfaches kürzer als entsprechende Programme anderer Programmiersprachen. Abb. 3 mag dies an einem Beispiel durch einen Vergleich zwischen APL und PL/1 verdeutlichen, in dem ein
Zahlenvektor absteigend sortiert werden soll.

PL/1 - PROBLEMLOESUNG	APL - PROBLEMLOESUNG

`...`
`DO I = ANZ TO 2 BY -1;`
`  DO J = 1 TO I - 1;`
`    IF UMSATZ(I) > UMSATZ(J)`
`    THEN DO;`
`      HILF = UMSATZ(I);`
`      UMSATZ(I) = UMSATZ(J);`
`      UMSATZ(J) = HILF;`
`    END;`
`  END;`
`END;`
`...`
	`...`
	`UMSATZ←UMSATZ[▼UMSATZ]`
	`...`

Abb. 3: Sortieren eines numerischen Vektors mit den Sprachen PL/1 und APL

In APL sind noch zwei weitere Konzepte realisiert: die Rechts-Links-Regel für die Reihenfolge der Auswertung von Ausdrücken und die dynamische Variablendefinition. Diese Konzepte werden detailliert in Teil 2 behandelt.

Sämtliche aufgezeigten Besonderheiten ermöglichen es dem Anfänger, nach kurzer Zeit der Beschäftigung mit APL zu programmieren, sowie dem fortgeschrittenen Anwender, seine Probleme ad hoc effizient zu lösen.

3. Anwendungsbereiche

APL ist ein Teilnehmersystem mit starker Dialogorientierung, d.h., der Dialog zwischen EDV und Teilnehmer gibt dem Anwender ständig die Möglichkeit, korrigierend in den Verarbeitungsablauf einzugreifen, sobald es erforderlich wird. Dadurch und durch seine besonderen Eigenschaften hat sich APL im wissenschaftlichen Bereich sowie im Rahmen der betrieblichen Datenverarbeitung eine feste Position gesichert. APL gehört heute zu den sechs am weitesten verbreiteten Programmiersprachen (vgl. JANKO, 1985, S. 17).

3.1 Einsatzmöglichkeiten im Hochschulbereich

Aufgrund der interaktiven Problemlösungsmöglichkeiten findet APL neben dem ingenieur-/naturwissenschaftlichen vor allem auch im wirtschaftswissenschaftlichen Bereich Verwendung. Auf der einen Seite wird durch die Verwendung von APL als Hilfsmittel für das Lösen betriebswirtschaftlicher Probleme ermöglicht, Fallstudien, Problembeispiele und eigene Modelle mit geringem Zeit- und Arbeitsaufwand zu erstellen (ausgewählte Beispiele dazu finden sich in Teil 4). Auf der anderen Seite ergibt sich in der Lehre ein Training im Problemlösungsverhalten, das von den Wirtschaftswissenschaften geprägt wird, und nicht von technischen und mathematischen Programmierungsdetails wie in der herkömmlichen Programmiersprachenausbildung, z.B. mit COBOL, ALGOL und PL/1. Somit sind Kenntnisse der Datenverarbeitung keine Voraussetzung für die Anwendung von APL. Es ergeben sich folgende Zielgruppen für den Einsatz von APL an der Hochschule:

- Angehörige der Hochschule, die ein geeignetes Werkzeug zur Lösung betriebswirtschaftlicher Probleme benötigen,

- alle Studenten, die Informatik bzw. Betriebs- oder Wirtschaftsinformatik als Haupt- oder Nebenfach belegt haben und in diesem Rahmen eine Programmiersprache erlernen   und

- Angehörige einer Hochschule, die eine Kombination o.g. Punkte anstreben.

3.2 Einsatzmöglichkeiten in der betrieblichen Datenverarbeitung

APL findet innerhalb der betrieblichen Datenverarbeitung sowohl in der DV-Abteilung als auch in den Fachabteilungen starke Verbreitung. Der in den letzten Jahren immer größer gewordene Anwendungsstau durch die Überlastung der zentralen DV-Abteilung führte zum Konzept der Individuellen Datenverarbeitung. Hiernach werden diejenigen Aufgaben, die der Endbenutzer selbst lösen kann, von der zentralen DV-Abteilung auf die entsprechende Fachabteilung übertragen. Die zentrale Datenverarbeitung soll dann neben Steuerungs- und Koordinationsmaßnahmen nur noch die erforderlichen Werkzeuge bereitstellen sowie Schulungs- und Beratungsfunktionen wahrnehmen. So muß sie z.B. bei der Bereitstellung von APL darauf hinweisen, daß bei der Programmierung mit APL eine detaillierte Dokumentation unerläßlich ist, weil sonst durch die mögliche Anhäufung von verschiedenen Zeichen in einer Programmzeile das Programm für den Programmersteller nach kurzer Zeit nicht mehr lesbar ist.

Gerade die grundlegenden Prinzipien und Konzepte, die APL von den anderen Sprachen unterscheidet, machen es zu einem Instrument, mit dem der Endbenutzer ad hoc die Behandlung fachspezifischer Aufgaben in betrieblichen Funktionsbereichen und in der Gesamtunternehmung maschinell unterstützen kann, ohne damit die DV-Abteilung zu beauftragen. Besonders gut zeigen sich die Vorteile von APL für den Endbenutzer (s. Abb. 4) bei nichtroutinemäßigen Aufgabenstellungen.

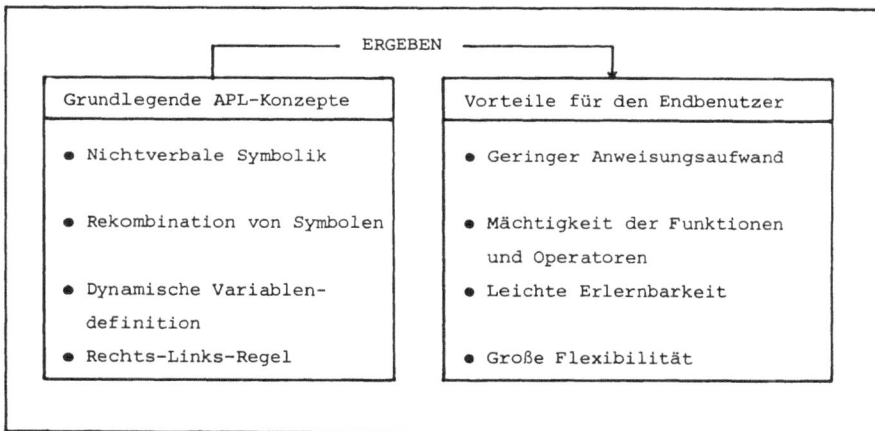

Abb. 4: Grundlegende APL-Prinzipien und Vorteile für den Endbenutzer

Hierbei handelt es sich häufig um Probleme, die im Rahmen von Planungs- und Berichtsprozessen auftreten, z.B. bei der Erstellung von OR-Modellen, statistischen Analysen und Aufbereitung von Ergebnissen für alle betrieblichen Planungsprozesse. Aufgrund dieser Ausrichtung wird APL auch als Planungssprache bezeichnet (zur Abgrenzung von Planungssprachen vgl. SCHNEIDER/SCHWAB/ RENNINGER, 1983, S. 1 ff.).

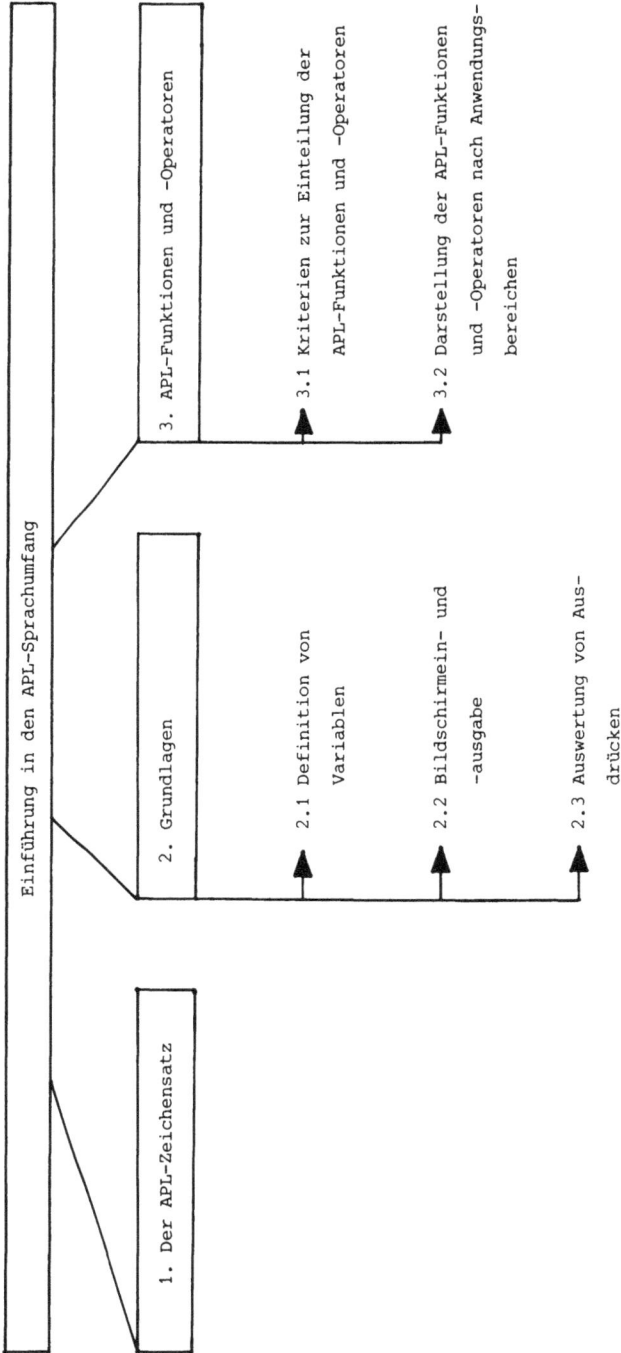

Einführung in den APL-Sprachumfang

1. Der APL-Zeichensatz

2. Grundlagen

2.1 Definition von Variablen

2.2 Bildschirmein- und -ausgabe

2.3 Auswertung von Ausdrücken

3. APL-Funktionen und -Operatoren

3.1 Kriterien zur Einteilung der APL-Funktionen und -Operatoren

3.2 Darstellung der APL-Funktionen und -Operatoren nach Anwendungsbereichen

Teil 2
Einführung in den APL-Sprachumfang

1. Der APL-Zeichensatz

In Teil 1 wurde schon darauf hingewiesen, daß sich die Bestandteile der
Sprache APL in zweifacher Hinsicht von denen anderer problemorientierter
Programmiersprachen unterscheiden:

- einerseits existieren hier ausschließlich nonverbale Symbole, d.h. es fehlen Schlüsselworte wie z.B. GET LIST, DO, DECLARE, GO TO und END,
- andererseits lassen sich diese Symbole z.T. zu neuen Zeichen mit anderer
  Bedeutung zusammensetzen.

Diese Aspekte muß die Tastatur eines APL-Terminals berücksichtigen und
weicht deshalb von der gewohnten Tastatur deutlich ab (vgl. Abb. 5).

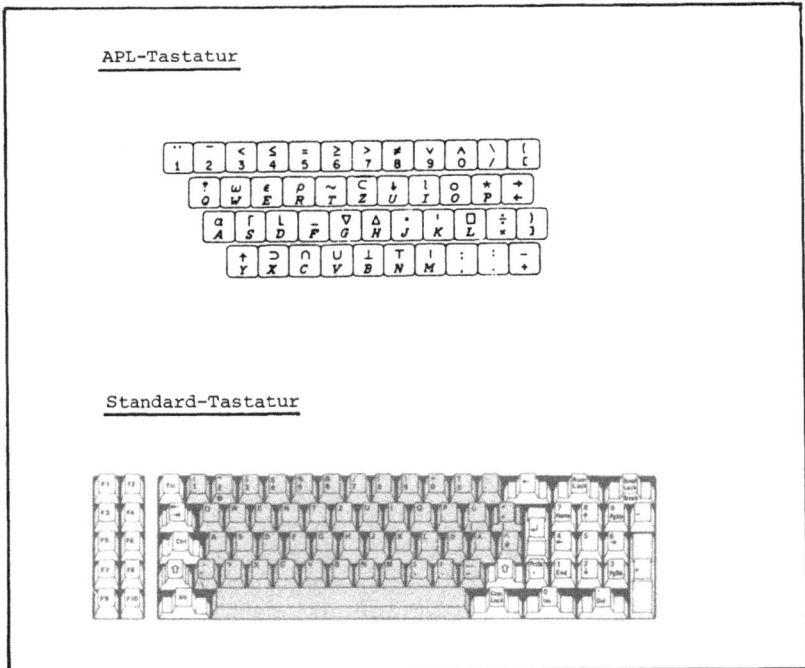

Abb. 5: Vergleich von APL-Tastatur und Standardtastatur

Wie obenstehende Abbildung zeigt, befinden sich die meisten APL-Symbole
über den Buchstaben und werden durch Betätigen der Umschalttaste ("Shift-
Taste") aufgerufen. Ein weiteres Merkmal des APL-Zeichensatzes ist das Fehlen von Kleinbuchstaben (zur Begründung vgl. IVERSON, 1973, S. 325).

Die APL-Tastaturen selbst differieren auch oft erheblich voneinander. Zum
einen können sich die Symbole an unterschiedlichen Stellen befinden (vgl.
z.B. das Additionszeichen in Abb. 6). Zum anderen gibt es Tastaturen, die
schon die rekombinierten Zeichen enthalten. Ist dies nicht der Fall, werden
sie unter Zuhilfenahme einer sog. "Backspace-Taste" zusammengesetzt.

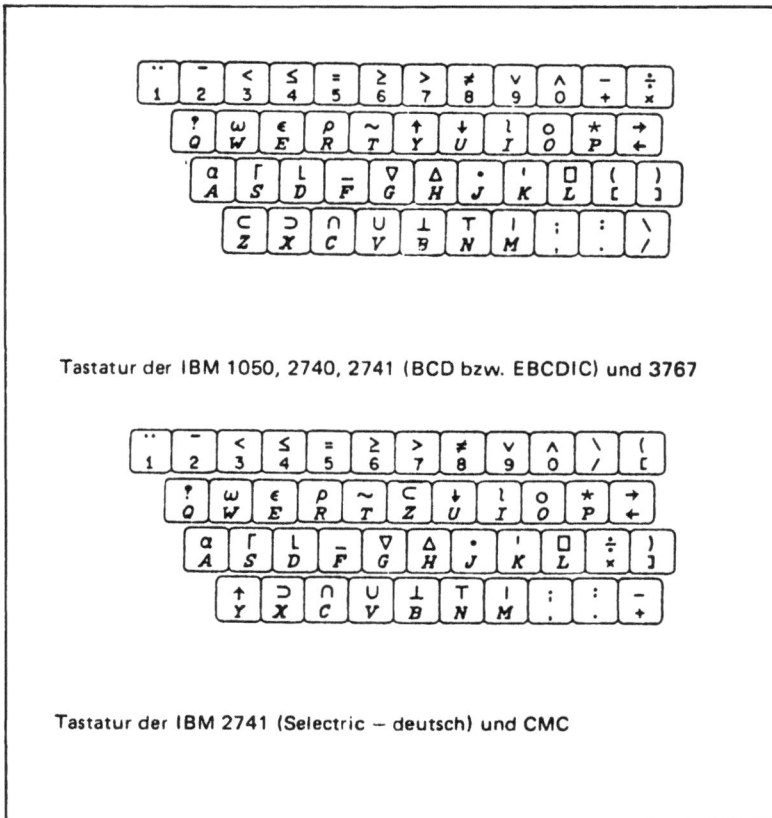

Tastatur der IBM 1050, 2740, 2741 (BCD bzw. EBCDIC) und 3767

Tastatur der IBM 2741 (Selectric – deutsch) und CMC

Abb. 6: Verschiedene APL-Tastaturen des Herstellers IBM

Für die heute schon zahlreichen Microcomputer, die auch den Aufruf einer APL-
Version erlauben, halten die Hersteller Schablonen mit dem APL-Zeichensatz
bereit. Sie können auf die Vorderseiten der Tasten aufgeklebt werden, so daß
für den Einsatz von APL eine separate APL-Tastatur nicht angeschafft werden
braucht.

2. Grundlagen

Nachdem der Einstieg in das APL-System (bei den meisten Systemen durch Aufruf von "APL" auf Betriebssystemebene) abgeschlossen ist, meldet sich der APL-Arbeitsbereich mit einer Systemmeldung. Diese enthält i.d.R. Datum, Uhrzeit und Versionsnummer. Schon an dieser Stelle kann der Anwender sämtliche Möglichkeiten von APL nutzen.

2.1 Definition von Variablen

Im Gegensatz zu Nachrichten, bei denen Informationen der Weitergabe dienen, stellen Daten Informationen dar, die verarbeitet werden sollen. Im Rahmen des Programmierens existieren "Platzhalter", die Daten aufnehmen, aufbewahren, solange sie benötigt werden, und bei Bedarf wieder abgeben. Diese Platzhalter bezeichnet man als Variablen.

2.1.1 Variablenarten

Nach Art der verwendeten Daten werden in APL numerische und alphanumerische Variablen unterschieden. Numerische Variablen werden ausschließlich zur Darstellung von Zahlen verwendet. Hingegen können alphanumerische Variablen Daten aufnehmen, die beliebig aus Ziffern, Buchstaben und Sonderzeichen - mit anderen Worten: dem gesamten APL-Zeichensatz - zusammengesetzt sein können. Die alphanumerischen Daten - auch Zeichenketten genannt - werden in APL am Anfang und Ende jeweils durch ein Hochkomma begrenzt. Beispiele für die Inhalte numerischer und alphanumerischer Variablen sind in Abb. 7 wiedergegeben.

Variablenart	Variableninhalte	
numerisch	12 8.375 0.13E04	
alphanumerisch	'UMSATZ' 'PREIS 1977'	

Abb. 7: Beispiele für Variableninhalte

Hinweis: Befindet sich innerhalb einer Zeichenkette ein Hochkomma, so muß dies in APL durch zwei Hochkommata definiert werden.

2.1.2 Variablenstruktur

Bestimmend für die Struktur von Variablen ist der Aufbau ihrer Inhalte. In
APL werden als Variablenstrukturen

- Skalar,
- Vektor und
- Matrix.

unterschieden.

Ein <u>Skalar</u> ist eine Variable mit einem numerischen Element (eine Variable
enthält z.B. den Wert 12). Ein <u>Vektor</u> enthält 0 bis n Elemente (numerisch
oder alphanumerisch) in einer logisch zusammenhängenden Reihe. In Abb. 8
ist ein Beispiel für einen numerischen Vektor gegeben, der die Gesamtum-
sätze einer Unternehmung für die Jahre 1980 bis 1985 enthält. Zeichenketten
werden in APL als Vektoren behandelt. So ist z.B. in Abb. 8 die alphanumerische Variable mit Inhalt 'GEWINN 1. QUARTAL' ein Vektor mit 17 Elementen.
Eine <u>Matrix</u> besteht in ihrer einfachsten Form aus n Zeilen und m Spalten,
also n × m Elementen. Nach dieser Definition kann ein Vektor auch als Son-
derfall einer Matrix angesehen werden, die aus einer Zeile und m Spalten besteht. Das numerische Beispiel einer Matrix in Abb. 8 stellt etwa die Umsätze für drei Produktgruppen in den Jahren 1980 bis 1985 dar. Es handelt sich
somit um eine Matrix mit drei Zeilen (Produktgruppen) und sechs Spalten
(Jahre). Im alphanumerischen Beispiel besteht die Matrix aus zwei Zeilen und
24 Spalten.

Variablen-struktur	Variablenart	Variableninhalt
Skalar	numerisch	12
Vektor	numerisch	32800 42000 42500 48000 53000 56200
	alphanumerisch	'GEWINN 1. QUARTAL'
Matrix	numerisch	12800 12000 12500 16000 23000 15200 10000 16000 17000 17000 15000 21000 10000 14000 13000 15000 15000 20000
	alphanumerisch	'1. QUARTAL 2. QUARTAL JAN FEB MAR APR MAY JUN'

Abb. 8: Variablenstrukturen in APL

Ein entscheidendes Kriterium bei der Behandlung von Matrizen ist deren <u>Rang</u>, d.h. die Anzahl ihrer Dimensionen. Das Beispiel einer Matrix in Abb. 8 enthält zwei Betrachtungsebenen (Produktgruppe und Jahr), deshalb wird sie auch als 2-dimensional bezeichnet. In APL ist es möglich, Matrizen mit einer beliebigen Anzahl von Dimensionen zu bilden. Differenziert man die Umsätze der einzelnen Produktgruppen im o.g. Beispiel noch nach Inlands- bzw. Auslandsumsatz, so entsteht eine dritte Betrachtungsebene und damit eine Matrix mit dem Rang 3 (vgl. Abb. 9). Alle Vektoren haben den Rang 1 und Skalare den Rang 0.

Ausland	10.000	9.000	8.500	9.000	13.000	8.200
Inland	2.800	3.000	4.000	7.000	10.000	7.000
Prod. 3	12.800	12.000	12.500	16.000	23.000	15.200
Prod. 2	10.000	16.000	17.000	17.000	15.000	21.000
Prod. 1	10.000	14.000	13.000	15.000	15.000	20.000
	1980	1981	1982	1983	1984	1985

Abb. 9: Beispiel für eine 3-dimensionale Matrix

Um einzelne Elemente einer <u>höheren</u> Variablenstruktur (Vektor oder Matrix) ansprechen, müssen diese indiziert werden. Dies geschieht innerhalb der eckigen Klammern unter Angabe der Positionen der gewünschten Elemente.

<u>Beispiel:</u>   Aus einem 10elementigen Vektor ZINS mit Kalkulationszinsfüßen
sollen der zweite und achte Wert bestimmt werden. Er enthält die
Werte 1.8 7.5 3.5 4 16 10.75 5 8.75 9 5.5

   ZINS[2 8]

 7.5 8.75

Bei Matrizen muß jede Dimension separat angesprochen werden, um ein Element
zu bestimmen. Die Trennung der Dimensionen erfolgt dann jeweils durch ein
Semikolon.

<u>Beispiel:</u>   Eine Matrix UMS mit 12 Monatsumsätzen hat folgenden Aufbau:
  1700 1200 1300
  1800 1950 2100
  3700 4000 3500
  3250 3100 2950

  Um den Umsatz im Oktober zu erhalten, muß die APL-Anweisung
  lauten:
   UMS[4;1]

 3250

Bleibt eine Dimension leer, so wird entsprechend eine ganze
Zeile bzw. Spalte angesprochen, z.B.

   UMS[3;]

 3700 4000 3500

2.1.3 Wertzuweisung an Variablen

Der erste Schritt bei der Zuweisung von Daten auf Variablen besteht in der Wahl
einer geeigneten Variablenbezeichnung. Dieser Variablenname muß a) syntaktisch richtig und b) semantisch sinnvoll sein:

a) Bei der Festlegung des Variablennamens müssen folgende Konventionen
 eingehalten werden:

  - das erste Zeichen muß ein Buchstabe oder Δ oder Δ̱ sein,
  - die Kombination von *S*Δ und *T*Δ sind nicht zulässig,
  - alle weiteren Zeichen dürfen zusätzlich auch Ziffern enthalten,
  - innerhalb der Variablenbezeichnung darf kein Leerzeichen (<u>Blank</u>) ver-
    wendet werden,
  - alle bei der Namensgebung verwendeten Zeichen erhalten durch Unter-
    streichung eine andere Bedeutung (so ist z.B. die Variable PREIS eine
    andere Variable als <u>PREIS</u>),

- die maximale Länge des Variablennamens ist systembedingt begrenzt.

b) Bei der Spezifikation der Variablenbezeichnung besteht ein Zielkonflikt zwischen der Verwendung sprechender Namen (z.B. DECKUNGSBEITRAG) und der Intention von APL, Probleme mit kurzer und präziser Symbolik zu lösen. Deshalb soll hier unter "semantisch sinnvoll" verstanden werden, daß treffende Abkürzungen benutzt werden (also z.B. für Warenrohertrag WRE und nicht APX).

Der nächste Schritt nach Eingabe eines Variablennamens besteht in der Zuweisung selbst. Diese wird durch den nach links gerichteten Zuweisungspfeil (←) ermöglicht. Rechts vom Zuweisungspfeil werden dann die Daten eingegeben (*KOSTEN* ← 1200). Es ist in APL nicht nötig, Variablen zu deklarieren, da sie durch die Zuweisung definiert werden.

APL ermöglicht eine dynamische Variablendefinition, d.h. ein und dieselbe Variable kann während des Programmablaufs sowohl unterschiedliche Variablenarten als auch unterschiedliche Variablenstrukturen annehmen (vgl. Abb. 10).

VARIABLEN-STRUKTUR/-ART	ZUWEISUNG	VARIABLENINHALT
SKALAR	ERGEBNIS ← 5	5
NUMERISCHER VEKTOR	ERGEBNIS ← 5 3 7	5 3 7
ALPHANUMERISCHER VEKTOR	ERGEBNIS ← 'NEGATIV'	NEGATIV

Abb. 10: Veränderung von Variablenstruktur und -art während des Programmverlaufs

2.2 Bildschirmein- und -ausgabe

Die Eingabe ist bei numerischen und alphanumerischen Variablen unterschiedlich. Numerische Daten können durch das Fenster ("quad") rechts vom Zuweisungspfeil auf eine Variable eingegeben werden. Das System zeigt durch Ausgabe eines Fensters mit einem Doppelpunkt an, daß eine numerische Eingabe erwartet wird.

Beispiel: *PERSKOST*85 ← ☐   < *R* >

        ☐:

        25000   25200   25500   25500   35000   < *R* >

Der Benutzer schließt seine Eingabe durch Betätigen der Datenfreigabetaste
bzw. Return-Taste < *R* > ab. Das Einlesen von Zeichenketten erfolgt mit Hilfe
des "quote-quad", das sich aus dem oben beschriebenen Fenster für das Einlesen numerischer Daten und einem Hochkomma zusammensetzt.

Beispiel: *NAME* ← ☐   < *R* >

        GARDNER   < *R* >

Die Ausgabe numerischer und alphanumerischer Variablen kann zum einen durch
das links vom Zuweisungspfeil befindliche Fenster erreicht werden oder zum
anderen durch die bloße Eingabe der Variablenbezeichnung.

Beispiel: ☐ ← *PERSKOST*85   < *R* >

        25000   25200   25500   25500   35000

        *PERSKOST*85   < *R* >

        25000   25200   25500   25500   35000

        ☐ ← *NAME*   < *R* >

        GARDNER

        NAME   < *R* >

        GARDNER

2.3 Auswertung von Ausdrücken

Nach der Definition von Variablen und der Ein-/Ausgabe von Daten bzw. Variablen soll nun deren Bearbeitung näher behandelt werden. Auf die Struktur,
die Art und den Inhalt von Daten bzw. Variablen kann man in APL mit verschiedenen Symbolen Einfluß nehmen, die im folgenden als Funktionen bezeichnet
werden. Funktionen haben numerische oder alphanumerische Werte als Argumente (z.B. 3+4). Im Gegensatz dazu unterscheidet Iverson Operatoren, deren
Argumente selbst zunächst Funktionen sind (vgl. IVERSON, 1973, S. 327f.).

2.3.1 Rechts-Links-Regel bei der Auflösung von Funktionen

Bei der Auflösung von Funktionen existiert in APL eine einzige Regel - im
Gegensatz zu anderen problemorientierten Programmiersprachen, die bis zu
zehn verschiedene Prioritätsregeln verwenden -, um die oft mehrzeilige
Schreibweise der Mathematik (wie z.B. $\sqrt{a^2 - b^2}$) für das Programmieren übernehmen zu können. Diese Regel heißt Rechts-Links-Regel, weil sie die Auflösung der Funktionen von rechts beginnend nach links vornimmt.

Beispiel: 20 × 3 + 5   < *R* >

           160

Das normalerweise erwartete Ergebnis 65 kommt hier aufgrund der fehlenden
Regel "Punktrechnung vor Strichrechnung" nicht zustande. APL wertet zunächst
den ganz rechts stehenden Ausdruck (3+5) aus, dessen Resultat (8) dann mit
20 multipliziert wird.

2.3.2 Änderung der Auswertungsreihenfolge durch Klammersetzung

In APL gibt es nur zwei Möglichkeiten, die durch die Rechts-Links-Regel vor-
gegebene Auswertungsreihenfolge zu durchbrechen. Dies kann entweder durch
Umstellung der Argumente oder durch Klammerung der mit Priorität auszuwer-
tenden Ausdrücke geschehen.

Beispiel: (20 × 3) + 5   < *R* >

          65

            5 + 20 × 3   < *R* >

          65

2.4 Aufgaben

1. Welche Variablenbezeichnungen sind in APL zulässig? Bitte kennzeichnen Sie
   syntaktisch korrekte Namen durch ein Kreuz!

        A2B   _____

        UMSATZ1985   _____

        INDEX   _____

        ΔPREIS   _____

        4AC   _____

```
PI QUADRAT              _____
X1X2                    _____
G+V-ZUWEISUNG           _____
1MAL1                   _____
BS2000                  _____
```

2. Wie lautet die richtige APL-Notation für die folgenden zu berechnenden
   Ausdrücke?

```
GEW = UMS - KOS                     _____
GKOS = STKOS × MENGE + FIXKOS       _____
SUM = X1 - X2 + X3 - X4 + X5        _____
```

3. Welches Ergebnis ist nach Eingabe nachstehender APL-Ausdrücke zu erwarten?

```
12 × 3 - 2                  _____
'EDV-LEITER'                _____
5 - 3 - 2                   _____
(30 ÷ 10) × 1.5             _____
```

4. Bitte erzeugen Sie die folgenden Ausgaben:

```
MCGREGOR'S XY-THEORIE       _____
17000 + 2400                _____
10 20 30 40                 _____
```

3. APL-Funktionen und -Operatoren

APL weist ca. 80 verschiedene Funktionen und Operatoren zur Beeinflussung von Daten bzw. Variablen auf. Um deren systematische Behandlung zu ermögli-chen, muß ein sinnvolles Klassifikationsschema gewählt werden. Im folgenden Abschnitt sollen Kriterien vorgestellt werden, nach denen sich die Funktio-nen und Operatoren einteilen lassen. In dem darauffolgenden Kapitel 3.2 wer-den sämtliche APL-Funktionen und -Operatoren nach einer anwendungsorientier-ten Klassifikation im einzelnen beschrieben.

3.1 Kriterien zur Einteilung der APL-Funktionen und -Operatoren

Die APL-Funktionen und -Operatoren lassen sich zum einen hinsichtlich ihrer Wertigkeit und zum anderen nach Anwendungsbereichen unterscheiden.

3.1.1 Einteilung hinsichtlich ihrer Wertigkeit

Legt man als Kriterium die Wertigkeit zugrunde, so lassen sich die APL-Funk-tionen und -Operatoren in zwei verschiedene Klassen unterteilen. Die Wertig-keit bezeichnet dabei die Anzahl von Argumenten in der unmittelbaren Umge-bung der Funktion bzw. des Operators. Die Argumente sind numerische und/oder alphanumerische Daten bei der Verwendung von Funktionen und Funktionen bei der Verwendung von Operatoren. Das folgende Beispiel einer Division zweier Zahlen zeigt ein Argument links und ein Argument rechts von der Funktion "Di-vision".

Beispiel:

LINKES ARGUMENT	*DIVISIONSZEICHEN*	*RECHTES ARGUMENT*	*ERGEBNIS*
300	÷	40	7.5

Funktionen und Operatoren mit einem solchen zweiwertigen Aufbau bezeichnet man in Anlehnung an das Griechische auch als dyadisch.

Aus der Mathematik sind jedoch auch Funktionen bekannt (z.B. sin x), die nur ein Argument, nämlich rechts vom Funktionszeichen, aufweisen. Solche Funk-tionen und Operatoren mit nur einem Argument werden in APL monadisch genannt. Bei monadischen Funktionen steht dabei das Argument grundsätzlich rechts vom Symbol.

In APL haben die meisten Funktionen in Abhängigkeit von ihrer monadischen oder dyadischen Wertigkeit eine völlig unterschiedliche Bedeutung.

Beispiel:

LINKES ARGUMENT	*REZIPROKWERT*	*RECHTES ARGUMENT*	*ERGEBNIS*
	÷	4	0.25

Hinweis: In den obenstehenden Beispielen waren die Argumente immer Skalare. Es ist jedoch auch möglich, daß sie eine andere Variablenstruktur aufweisen, also auch Vektoren oder Matrizen sein können.

Die Einteilung der APL-Funktionen nach ihrer Wertigkeit ist häufig primäres Gliederungskriterium im Schrifttum. Da die zahlreichen Funktionen nur sehr grob eingeteilt werden, ist dieser Ansatz aus anwendungsorientierten Gesichtspunkten wenig brauchbar.

3.1.2 Einteilung nach anwendungsspezifischen Bereichen

Jede problemorientierte Programmiersprache bedarf - und APL aufgrund der nichtverbalen Symbolik sowie der Mächtigkeit seiner Funktionen und Operatoren ganz besonders - der ständigen praktischen Anwendung, damit der Anfänger sie erlernen kann und der fortgeschrittene Anwender sie nicht vergißt. Beide Gruppen benötigen bei der Programmierung trotzdem eine Nachschlagewerk, auf das zur Lösung anstehender Probleme zurückgegriffen werden kann. Damit die Funktionen und Operatoren systematisch und schnell aufgefunden werden können, müssen diese nach anwendungsbezogenen Kriterien eingeteilt werden, was als Grundlage dieses Werks zu folgender Differenzierung führt:

- Arithmetische Funktionen
- Logische und vergleichende Funktionen
- Zahlenerzeugende Funktionen
- Strukturverändernde Funktionen
- Strukturkomponentenbestimmende Funktionen
- Zusammengesetzte Funktionen (Operatoren)
- Funktionen zur Umwandlung von numerischen und alphanumerischen Daten.

Diese primär dem APL-Anwender gerecht werdende Einteilung (im Gegensatz zu einer rein mathematisch/logischen Differenzierung) führt in Ausnahmefällen dazu, daß sich Funktionen nicht nur einer Klasse zuordnen lassen. In diesen Fällen erfolgt dann ein entsprechender Hinweis in den betreffenden Kapiteln.

Die nachstehende Abbildung liefert einen Überblick über die hier vorgenommene anwendungsorientierte Klassifizierung der APL-Funktionen und -Operatoren.

Funktionskategorie	Anwendung	Art der Argumente	Art des Ergebnisses
Arithmetisch	Funktionen zur Durchführung mathematischer Berechnungen	numerisch	numerisch
Logisch und vergleichend	Funktionen, die logische Operationen erlauben oder Vergleiche durchführen	meistens rein numerisch	Boole'sche Größe
Zahlenerzeugend	Funktionen zur systematischen oder zufälligen Zahlenerzeugung	numerisch positiv ganzzahlig	numerisch
Strukturverändernd	Veränderung der Variablenstruktur oder Anzahl von Elementen einer Dimension; Vertauschen von Elementen innerhalb einer Struktur	numerisch/ alphanumerisch	wie das rechte Argument
Strukturkomponentenbestimmend	Auswahl einzelner Elemente einer Struktur	numerisch/ alphanumerisch	wie das rechte Argument
Umwandlung von numerischen und alphanumerischen Daten und Variablen	Wechseln der Variablenart; Änderung der Zahlenbasis von numerischen Daten	numerisch/ alphanumerisch	numerisch/alphanumerisch
Operatoren	universell einsetzbar	mindestens eine Funktion	numerisch/alphanumerisch

Abb. 11: Anwendungsorientierte Differenzierung der APL-Funktionen/-Operatoren

3.2 Darstellung der APL-Funktionen und -Operatoren nach Anwendungsbereichen

Die Darstellung der Funktionen/Operatoren innerhalb der einzelnen Anwendungsbereiche erfolgt derart, daß dort, wo es sinnvoll erscheint, eine weitere ap-
plikationsbezogene Detaillierung vorgenommen wird. Für jede separate Funktion bzw. jeden Operator wird folgendes Erklärungsschema verwendet:

- Bezeichnung von Funktion/Operator
- Syntax
- Verbale Definition
- Beispiel(e)

Kompliziertere Funktionen und Operatoren, deren praktische Anwendungsmöglichkeiten nicht ohne weiteres ersichtlich sind, werden anhand größerer Beispiele
erläutert.

Unabhängig von der jeweils beschriebenen Funktion gelten für den Aufbau der
Argumente bei dyadischem Gebrauch die in Abb. 12 wiedergegebenen Möglichkeiten.

	Skalar	Vektor	Matrix
Skalar	3 + 4 = 7	3 + 5 6 11 = 8 9 14	$3 + \begin{matrix} 10 & 11 \\ 1 & 4 \end{matrix}$ $= \begin{matrix} 13 & 14 \\ 4 & 7 \end{matrix}$
Vektor	Beispiel s.o.	3 4 5 + 7 8 9 = 10 12 14	nicht definiert
Matrix	Beispiel s.o.	nicht definiert	$\begin{matrix} 2 & 4 \\ 5 & 3 \end{matrix} + \begin{matrix} 1 & 0 \\ 3 & 4 \end{matrix}$ $= \begin{matrix} 3 & 4 \\ 8 & 7 \end{matrix}$

Abb.12: Beispiele zum Aufbau der Argumente von dyadischen Funktionen

Zusammenfassend müssen die Argumente damit folgende Merkmale aufweisen:

- beide Argumente sind Skalare oder

- ein Argument ist ein Vektor oder eine Matrix beliebiger Größe und das andere ein Skalar, der mit jedem Element des Vektors bzw. der Matrix verarbeitet wird. Oder

- beide Argumente sind Vektoren; sie müssen dann die gleiche Anzahl von Elementen aufweisen. In diesem Fall werden jeweils die korrespondierenden Elemente von der Funktion behandelt. Korrespondierende Elemente sind dabei diejenigen Elemente, welche dieselbe Position in beiden Strukturen aufweisen, d.h. gleich indiziert werden. Oder

- beide Argumente sind Matrizen mit gleichem Rang und jeweils gleicher Anzahl von Elementen in jeder Dimension. Zur Verarbeitung zweier Matrizen gilt sinngemäß dasselbe wie zur Verarbeitung zweier Vektoren.

Operatoren haben Funktionen als Argumente (vgl. Kapitel 2.3). Dadurch wird die Mächtigkeit der Funktionen wesentlich erweitert. Zum einen lassen sich die Funktionen auch auf andere als die oben beschriebenen Argumentkombinationen (also z.B. Addition von Vektoren unterschiedlicher Länge) anwenden, und zum anderen ermöglichen die Operatoren in vielen Fällen eine deutlich kürzere Notation. Die Anwendungsmöglichkeiten der Operatoren nehmen daher eine Sonderstellung ein und werden, um Wiederholungen zu vermeiden, in Abschnitt 3.2.7 separat behandelt.

Eine weitere allgemeingültige Konvention betrifft die Indizierung (vgl. Abschnitt 3.2.5). Sie dient einerseits zur Spezifikation von Daten- bzw. Variablenelementen (vgl. Abschnitt 2.1.2) und andererseits zur Festlegung der Wirkungsweise von APL-Funktionen. Dabei wird mit Hilfe der Indizierung die Achse der Argumente bestimmt, entlang der eine Funktion ausgeübt werden soll.

Beispiel: Das "Komma" (,) erlaubt in APL die Verkettung zweier Strukturen zu einer neuen (vgl. Abschnitt 3.2.5). Soll etwa eine Matrix A - bestehend aus zwei Spalten und drei Zeilen - mit einer Matrix B derselben Struktur verknüpft werden, so ist folgende APL-Anweisung möglich:

$$A \ , \ B$$

$$
\begin{array}{cccc}
1 & 2 & 1 & 2 \\
3 & 4 & 3 & 4 \\
5 & 6 & 5 & 6
\end{array}
$$

Die beiden Matrizen A und B haben dabei folgendes Aussehen:

$$A$$

$$
\begin{array}{cc}
1 & 2 \\
3 & 4 \\
5 & 6
\end{array}
$$

Ohne Indizierung der Verkettungsfunktion wurde entlang der letzten Koordinate der Argumente, also entlang der Spalten verkettet.
Da die letzte Koordinate im Fall einer 2-dimensionalen Matrix mit
der zweiten Koordinate identisch ist, existiert folgender synonyme Befehl:

$$A \ , \ [\ 2 \ ] \ B$$

```
1   2   1   2

3   4   3   4

5   6   5   6
```

Sollen die Matrizen dagegen untereinander verknüpft werden, so ist
entlang der ersten Achse - der Zeilen - zu verketten:

$$A \ , \ [\ 1 \ ] \ B$$

```
1   2

3   4

5   6

1   2

3   4

5   6
```

Hinweis: Im vorliegenden Beispiel der Verkettungsfunktion bezieht sich die
         Indizierung der Funktion auf das linke Argument, d.h. es wird ent-
         lang der spezifizierten Achse des linken Argumentes verkettet. Bei
         anderen Funktionen, bei denen eine Indizierung möglich ist, bezieht
         sich die Indizierung dagegen immer auf das rechte Argument.

Folgende APL-Funktionen/-Operatoren können bzw. müssen indiziert werden:

- Verkettungsfunktion
- Spiegelungsfunktion
- Rotationsfunktion
- Transponieren
- Komprimieren
- Expandieren
- Reduktion
- Aufstufung

Innerhalb der entsprechenden Abschnitte werden dann Beispiele zum Gebrauch
der Indizierung im Zusammenhang mit der jeweiligen Funktion bzw. dem jeweiligen Operator gegeben.

3.2.1 Arithmetische Funktionen

a) Mathematische Grundfunktionen

```
-------------------------------
| VORZEICHENWECHSEL ( - A ) |
-------------------------------
```

Mit Hilfe dieser monadischen Funktion wird das Vorzeichen des rechtsstehen-
den Argumentes A umgekehrt.

Beispiel: - 3000 ‾500 2000

            ‾3000   500 ‾2000

Eine negative Zahl als solche wird in APL durch ein hochstehendes Minuszei-
chen (‾) gekennzeichnet.

```
--------------------------------
| VORZEICHENPRUEFUNG ( × A ) |
--------------------------------
```

Die monadische Bedeutung des Multiplikationszeichens ist die Prüfung des Vor-
zeichens eines Argumentes A. Das Ergebnis lautet 1 für eine positive Zahl,
‾1 für eine negative Zahl und O für Null.

Beispiel: × ‾13 25 0 17

            ‾1   1   0   1

```
-------------------------
| REZIPROKWERT ( ÷ A ) |
-------------------------
```

Der Kehrwert (Reziprokwert) wird durch monadischen Gebrauch des Divisions-
zeichens gebildet.

Beispiel: ÷ 5

            0.2

```
---------------------------------
| AUFRUNDUNGSFUNKTION ( ⌈ A ) |
---------------------------------
```

Hiermit wird die nächsthöhere ganze Zahl gebildet, die größer oder gleich A
ist.

Beispiel: ⌈   20.4   ⁻3.5   16   6.9

               21   ⁻3   16   7

| *ABRUNDUNGSFUNKTION (⌊ A)* |

Hier erfolgt entsprechend zu dem Aufrunden die Abrundung des Argumentes A
auf die nächstniedrige ganze Zahl, die kleiner oder gleich A ist.

Beispiel: ⌊   ⁻4.6   1.5

           ⁻5   1

| *ABSOLUTBETRAG BILDEN (| A)* |

Mit dieser Funktion werden die Vorzeichen des Argumentes A vernachlässigt.

Beispiel: | ⁻100   0   300   400

           100   0   300   400

| *ADDITIONSFUNKTION (A + B)* |

Das Symbol + wird dyadisch zur Addition zweier Argumente benötigt.

Beispiel: 3 + 17   20   28

           20   23   31

                   ⁻3   ⁻5   ⁻17 + 5   5   ⁻10

           2   0   ⁻27

Hinweis: In Verbindung mit Operatoren (vgl. Kapitel 3.2.7) erlangt das Addi-
         tionszeichen in APL eine weitaus mächtigere Anwendungsbreite als
         dies aus der Mathematik bekannt ist. So kann die Summenbildung von
         Vektoren und Matrizen mit Hilfe des Reduktionszeichens wesentlich
         kürzer erfolgen als durch bloße Addition.

```
-----------------------------------
| SUBTRAKTIONSFUNKTION ( A - B ) |
-----------------------------------
```

Bei der Subtraktion wird in APL genau wie bei der üblichen Schreibweise das
Argument B vom Argument A subtrahiert. Die o.e. Rechts-Links-Regel bezieht
sich also nicht auf die Argumente (es wird nicht B - A berechnet), sondern
auf die Auswertungsreihenfolge bei mehreren Funktionen/Operatoren in einem
Ausdruck.

Beispiel: 3 - 5

         ‾2

              300 ‾200 150 - ‾50
       350 ‾150 200


```
-------------------------------------
| MULTIPLIKATIONSFUNKTION ( A × B ) |
-------------------------------------
```

Die dyadische Anwendung der Vorzeichenprüfung (×) besteht in der Multiplikation zweier Argumente mit der oben beschriebenen Struktur (vgl. S.25).

Beispiel: 20 30 40 × 12 17 11
        240 510 440

Hinweis: Soll jedes Element des linken Argumentes mit jedem Element des rech-
         ten Argumentes multipliziert werden, so sei an dieser Stelle auf
         die Bildung des äußeren Produkts (s. Operatoren) verwiesen.


```
---------------------------------
| DIVISIONSFUNKTION ( A ÷ B ) |
---------------------------------
```

Das dyadische Pendant zur Reziprokfunktion (÷) ist die Division des Argumentes A durch B.

Beispiel: 300 ÷ 40 ‾40 75
        7.5 ‾7.5 4

Hinweis: Die Division durch Null ist unzulässig und führt zu einer Fehler-
         meldung des APL-Systems (vgl. Teil 3, Kapitel 2.1).

```
--------------------------
| POTENZIEREN ( A * B ) |
--------------------------
```

Die Berechnung von A hoch B (A^B) erfolgt mit Hilfe des Symbols *.

Beispiel: 2 * 3 4 5

         8 16 32

Hinweis: Für das Radizieren stellt APL keine spezielle Funktion bereit. Es
         kann jedoch dadurch erreicht werden, daß zur Bildung der n-ten Wur-
         zel aus A ($\sqrt[n]{A}$) beim Potenzieren der Exponent 1/n verwendet wird.

Beispiel: Es soll zum einen die dritte Wurzel aus 27, zum anderen die (zwei-
          te) Wurzel aus 16 gebildet werden.

             16 27 * ÷2 3

         4   3

```
-----------------------------------
| MAXIMUMERMITTLUNG ( A [ B ) |
-----------------------------------
```

Die monadische Aufrundungsfunktion ([) bekommt - dyadisch gebraucht - eine
andere Bedeutung. Mit seiner Hilfe wird das Maximum zweier Argumente ermittelt, wobei sich aus den allgemeinen Regeln für den Aufbau von Argumenten bei
dyadischen Funktionen folgende Resultate ergeben:

- sind beide Argumente Skalare, so ist das Ergebnis der größere Wert von beiden

- handelt es sich bei einem Argument um ein Skalar und bei dem anderen um einen Vektor oder eine Matrix, so wird der Skalar mit jedem Element des zweiten Argumentes verglichen und das Ergebnis ist entsprechend ein Vektor oder
  eine Matrix mit den jeweils höheren Werten

- sind die beiden Argumente zwei höhere Strukturen (Vektoren, Matrizen) so
  ist das Ergebnis der Maximumermittlung eine ebensolche Struktur, bestehend
  aus den jeweils höheren korrespondierenden Elementen.

Beispiel: 60 [61

         61

             70 32 ¯16 [69 32 ¯20

         70 32 ¯16

```
---------------------------------
| MINIMUMERMITTLUNG ( A ⌊ B ) |
---------------------------------
```

Hier gelten die gleichen Regel wie bei der Maximumermittlung. Statt des größeren wird jedoch der kleinere Wert bestimmt.

Beispiel: 35   0   ‾7 ⌊ ‾3

     ‾3   ‾3   ‾7

    14 ⌊ 7   54   ‾1

  7   14   ‾1

Hinweis: Die Bestimmung des Minimums oder Maximums eines Vektors bzw. einer
     Matrixdimension erfolgt unter Verwendung des unter Abschnitt 3.2.7
     behandelten Reduktionsoperators.

```
-------------------------
| RESTBILDUNG ( A | B ) |
-------------------------
```

Das Ergebnis der Restwertbildung liefert den ganzahligen Rest der Division
B durch A.

Beispiel: Ein Einzelhändler erhält täglich Brot in Umkartons mit je 35 Stück.
     Angebrochene Kartons werden abends mit dem Lieferanten verrechnet.
     Aus den Verkaufsmengen soll der in einem angebrochenen Karton be-
     findliche Rest ermittelt werden. Die täglichen Verkaufsmengen ver-
     teilen sich für eine Woche folgendermaßen: 172, 165, 150, 80 und 212
     Stück. Durch Restwertbildung der Verkaufsmengen mit 35 erhält man
     für jeden Tag die Anzahl der verkauften Brote aus dem letzten an-
     gebrochenen Karton:

        35 | 172   165   150   80   212

     32   25   10   10   2

     Die Differenz des Ergebnisvektors zu 35 liefert dann den in den an-
     gebrochenen Kartons befindlichen Rest. Unter Berücksichtigung bei-
     der Rechenschritte ergibt sich die folgende APL-Anweisung:

        35 - 35 | 172   165   150   80   212

     3   10   25   25   33

b) Höhere mathematische Funktionen

```
---------------------------------
| EXPONENTIALFUNKTION ( * A ) |
---------------------------------
```

Der monadische Gebrauch des * ist das Potenzieren zur Basis e, also zur Eu-
ler'schen Zahl.

Beispiel: * ‾3   0.5   1

                 0.049787068   1.648721271   2.718281828

```
------------------------------------------
| LOGARITHMIEREN ZUR BASIS E ( ● A ) |
------------------------------------------
```

Die Umkehrfunktion zur Exponentialfunktion ist das Logarithmieren zur Basis
e.

Beispiel: ● 2.718281828

            1

```
----------------------------------
| FAKULTÄETSBILDUNG ( ! A ) |
----------------------------------
```

Das monadische ! dient der Fakultätsbildung, wobei sich in APL im Gegensatz
zur mathematischen Notation das Argument rechts vom Ausrufungszeichen befindet.

Beispiel: Eine Fertigungsanlage kann auf die Produktion vier verschiedener
          Produkte gerüstet werden. Häufig ist die Reihenfolge von Interesse,
          in der die Produkte hergestellt werden. Wenn alle vier Produkte ge-
          fertigt werden sollen, beträgt die Anzahl der möglichen Kombinatio-
          nen 4-Fakultät (4!), also 4 x 3 x 2 x 1.

            ! 4

         24

```
-----------------------------
| MATRIXINVERSION ( ⊟ A ) |
-----------------------------
```

Die Kombination des quad mit dem Divisionszeichen liefert ein zusammengesetz-
tes Symbol, mit dem sich monadisch Matrizen invertieren lassen.

Beispiel: A sei eine Matrix mit folgendem Aufbau:

$$\begin{matrix} 2 & 4 \\ 3 & 5 \end{matrix}$$

Dann liefert:

$$⊟ \; A$$

$$\begin{matrix} {}^{-}2.5 & 2 \\ 1.5 & {}^{-}1 \end{matrix}$$

Hinweis: Mit Hilfe des Matrizenprodukts (vgl. 3.2.7) wird durch Matrix und
invertierte Matrix eine Einheitsmatrix erzeugt:

$$(\; ⊟ \; A \;) \; + \; . \; × \; A$$

$$\begin{matrix} 1 & 0 \\ 0 & 1 \end{matrix}$$

```
-----------------------------
| LOGARITHMIEREN ( A ⊛ B ) |
-----------------------------
```

Beim dyadischen Gebrauch des ⊛ wird das Argument B zur Basis A logarithmiert.

Beispiel: 10 ⊛ 100   0.1

$$2 \qquad {}^{-}1$$

```
-------------------------------------------------
| BINOMIALKOEFFIZIENTENBILDUNG ( A ! B ) |
-------------------------------------------------
```

Der Binomialkoeffizient bezeichnet die Anzahl aller möglichen Kombinationen
von A Elementen aus der Grundgesamtheit B. Die Formel zur Berechnung des Binomialkoeffizienten lautet:

$$\binom{B}{A} \; = \; \frac{B!}{A! \; (B - A)!}$$

Beispiel: Aus einer Abteilung mit zehn Mitarbeitern sollen drei ein Fortbil-
dungsseminar besuchen. Wieviele Möglichkeiten gibt es, die Dreier-
gruppe aus der Abteilung zu bilden?

$$3 \; ! \; 10$$

$$120$$

Hinweis: Im Gegensatz zur Fakultätsbildung (s. S.33), wo die Anzahl der Möglichkeiten bei Kombination aller Elemente einer Grundgesamtheit berechnet wird, erfolgt beim Binomialkoeffizienten die Berechnung der
Anzahl von Kombinationsmöglichkeiten für eine Auswahl von Elementen
aus der Grundgesamtheit.

| *LOESEN EINES LINEAREN GLEICHUNGSSYSTEMS (A ⊞ B) |

Mit *A⊞B* erhält man die Lösung eines linearen Gleichungssystems, wobei B die
Koeffizientenmatrix und A die rechten Seiten des Gleichungssystems beinhaltet.

Beispiel: Ein Fabrikant unterhält zwei Maschinen M1 und M2, auf denen zwei
verschiedene Produkte P1 und P2 hergestellt werden können. Aus
technischen Gründen ist die Laufzeit von M1 auf 48 Zeiteinheiten
und die von M2 auf 34 Zeiteinheiten begrenzt. Zur Herstellung von
P1 benötigt M1 vier und M2 zwei Zeiteinheiten; zur Produktion von
P2 benötigt M1 sieben und M2 sechs Zeiteinheiten. Bei welchen Her-
stellungsmengen sind beide Maschinen voll ausgelastet? Es ist folgendes Gleichungssystem zu lösen:

$$4 \; P1 \; + \; 7 \; P2 \; = \; 48$$
$$2 \; P1 \; + \; 6 \; P2 \; = \; 34$$

Die Problemlösung in APL benötigt eine Koeffizientenmatrix und die
rechten Seiten des Gleichungssystems. B sei die Koeffizientenmatrix:

$$\begin{array}{cc} 4 & 7 \\ 2 & 6 \end{array}$$

und A ein Vektor mit den rechten Seiten:

$$48 \quad 34$$

Dann ergibt:

$$A \; ⌈ \; B$$

5   4

Damit beide Maschinen den Restriktionen genügen, werden fünf Einheiten von P1 sowie vier Einheiten von P2 hergestellt.

c) Trigonometrische Funktionen

```
------------------------------------
| MULTIPLIKATION MIT ττ ( o A ) |
------------------------------------
```

Die Elemente des Argumentes A werden bei Verwendung dieser Funktion mit Π
multipliziert.

Beispiel: o 2 1

6.2831853   3.1415927

```
--------------------------------------
| KREISFUNKTIONENBILDUNG ( A o B ) |
--------------------------------------
```

Durch das linke Argument A wird der Typ einer Kreisfunktion spezifiziert, die
auf B angewendet wird. Die einzelnen Kreisfunktionen, die A in einem Wertebe-
reich von +7 bis ‾7 festlegt, können im Anhang A - der Übersicht über die
APL-Funktionen und -Operatoren - entnommen werden.

Beispiel: Zur Erzeugung normalverteilter Zufallszahlen (z.B. zu Simulations-
          zwecken) aus gleichverteilten Zufallszahlen können folgende bisher
          behandelte Funktionen eingesetzt werden:

          - Multiplikation mit Π
          - Logarithmieren zur Basis e
          - Radizieren
          - Bildung der Kreisfunktion Cosinus.

          Die Berechnung normalverteilter Zufallszahlen aus gleichverteilten
          Zufallszahlen erfolgt nach folgender Formel:

$$\sqrt{‾2 \times \ln (Z_{g1})} \; \times \; \cos(2\Pi \times Z_{g2})$$

mit Z_{g1} und Z_{g2} zwei (0,1)-gleichverteilte Zufallszahlen.

Die entsprechende Umsetzung der Formel in APL-Notation erhält durch
die Rechts-Links-Regel ein andersartiges Aussehen:

$$(({}^-2 × ⊕ ZG1) * 0.5) × 2 ○ ○ 2 × ZG2$$

Für ZG1 = 0.55 und ZG2 = 0.39 ergibt sich dann:

$$(({}^-2 × ⊕ 0.55) * 0.5) × 2 ○ ○ 2 × 0.39$$
$${}^-0.84253219$$

3.2.2 Logische und vergleichende Funktionen

Die in diesem Kapitel behandelten Funktionen sind dadurch gekennzeichnet,
daß sie Boole'sche Größen (wahr oder falsch) als Ergebnisse aufweisen. In
APL werden Boole'sche Größen durch eine 1 für wahr und eine 0 für falsch
dargestellt.

a) Logische Funktionen

```
-----------------------------
| LOGISCHES UND ( A ∧ B ) |
-----------------------------
```

Das Logische Und überprüft beide Argumente A und B dahingehend, ob die korrespondierenden Elemente gleichzeitig wahr sind.

Beispiel: Es sollen vier Investitionsalternativen anhand der Kriterien Amortisationsdauer und Umweltfreundlichkeit verglichen werden. Dabei
enthält der Vektor A den Amortisationszeitraum für jede der Alternativen. Der Vektor U ist eine logische Variable und enthält eine
1 für umweltfreundliche und eine 0 für umweltschädliche Alternativen. Gesucht sind die Alternativen, die sowohl umweltfreundlich
sind und deren Amortisationsdauer weniger als zehn Jahre beträgt.

Alternative	1	2	3	4
Amortisations- dauer	6	12	9	9
umweltfreundlich?	0	1	0	1

Die APL-Anweisung zur Lösung dieses Problems lautet:

$$(10 \quad 6 \quad 12 \quad 9 \quad < \quad 10) \quad \wedge \quad (0 \quad 1 \quad 0 \quad 1)$$

0   0   0   1

Der Ergebnisvektor enthält an der vierten Stelle eine 1, d.h. bei Alternative vier sind beide Kriterien erfüllt.

Hinweis: Die beiden Argumente A und B dürfen nach Auswertung bei logischen Funktionen nur Nullen und Einsen enthalten. Dabei muß es sich aber nicht um Boole'sche Größen handeln, sondern es können auch „numerische Einsen oder Nullen" auftreten.

Beispiel: $(4 - 3) \wedge (3 - 3)$

0

| *LOGISCHES ODER (A ∨ B)* |

Bei dem Logisches Oder muß nur eins der korrespondierenden Elemente wahr sein, damit das Ergebnis ebenfalls wahr (gleich 1) ist.

Beispiel: 1   0   0   1   0 ∨ 0   1   0   1   1

1   1   0   1   1

| *LOGISCHES NICHT (~ A)* |

Das auch als Boole'sche Negieren bezeichnete Logische Nicht erstellt das Komplement zu einem logischen Ausdruck (wahr wird zu falsch und falsch zu wahr).

Beispiel: ~ 1   0   1

0   1   0

Hinweis: Mit Hilfe des Boole'schen Negierens lassen sich die Symbole Logisches Und bzw. Logisches Oder zu zwei neuen zusammengesetzten Zeichen kombinieren. Diese Zeichen werden "NICHT GLEICHZEITIG" bzw. "WEDERNOCH" genannt.

Beispiel: 1   0   1   0 ⍲ 1   1   0   0

0   1   1   1

0   0   1   1 ⍱ 1   0   0   1

0   1   0   0

b) Vergleichende Funktionen

Im Gegensatz zu den logischen Funktionen können die Argumente der vergleichenden Funktionen beliebige numerische Daten enthalten. Eine Sonderstellung
nimmt die Existenzprüfung ein, die auch für alphanumerische Argumente definiert ist.

```
-------------------------------------
| VERGLEICH AUF KLEINER ( A < B ) |
-------------------------------------
```

Durch diese Prüfung wird festgestellt, welches Element des linken Argumentes
A echt kleiner als das korrespondierende Element des rechten Argumentes B
ist.

Beispiel: Es sollen die Inlandspreise von Markenartikeln (rechtes Argument)
mit den entsprechenden Auslandspreisen (linkes Argument) verglichen werden.

$$45 \quad 200 \quad 12.5 < 45 \quad 210 \quad 12$$
$$0 \quad 1 \quad 0$$

```
------------------------------------------
| VERGLEICH AUF KLEINER GLEICH ( A ≤ B ) |
------------------------------------------
```

In diesem Fall erfolgt ein Vergleich, bei dem zusätzlich zur Prüfung auf
„kleiner" auch gleiche Elemente die Bedingung erfüllen.

Beispiel: $45 \quad 200 \quad 12.5 ≤ 45 \quad 210 \quad 12$
$$1 \quad 1 \quad 0$$

```
-------------------------------------
| VERGLEICH AUF GROESSER ( A > B ) |
-------------------------------------
```

Dieses Symbol stellt die Umkehrfunktion zu dem Vergleich auf „kleiner gleich"
dar.

Beispiel: $45 \quad 200 \quad 12.5 > 45 \quad 210 \quad 12$
$$0 \quad 0 \quad 1$$

```
-----------------------------------------------
| VERGLEICH AUF GROESSER GLEICH ( A ≥ B ) |
-----------------------------------------------
```

Entsprechend zum Vergleich auf „kleiner gleich" wird hier überprüft, ob A größer gleich B ist.

Beispiel: 45 200 12.5 ≥ 45 210 12

          1   0   1


```
-----------------------------------
| VERGLEICH AUF GLEICH ( A = B ) |
-----------------------------------
```

Alle Elemente, die in beiden Argumenten gleich sind, erhalten als Ergebnis eine Eins.

Beispiel: 45 200 12.5 = 45 210 12

          1   0   0

                  'UMSATZ' = 'ANSATZ'

          0   0   1   1   1   1


```
-------------------------------------
| VERGLEICH AUF UNGLEICH ( A ≠ B ) |
-------------------------------------
```

Für alle ungleichen Elemente erscheint im Ergebnis eine Eins, bei gleichen Elementen eine Null.

Beispiel: 45 200 12.5 ≠ 45 210 12

          0   1   1

                  'UMSATZ' ≠ 'ANSATZ'

          1   1   0   0   0   0


```
-------------------------------
| EXISTENZPRUEFUNG ( A ∈ B ) |
-------------------------------
```

Diese Funktion überprüft, ob die Elemente von A im rechten Argument B enthalten sind. Das Ergebnis ist eine Boole'sche Größe mit der Struktur des linken Argumentes, das eine Eins für jedes Element enthält, für das der o.g. Vergleich erfüllt ist.

Beispiel: Es soll geprüft werden, ob die Artikelnummer 112 in der Lagerbestandsdatei enthalten ist und an welcher Position sie sich befindet. In der Lagerbestandsdatei sind die Artikelnummern 107,
115, 120, 177, 112, 110 abgespeichert.

$$107 \quad 115 \quad 120 \quad 177 \quad 112 \quad 110 \; \epsilon \; 112$$

$$0 \quad 0 \quad 0 \quad 0 \quad 1 \quad 0$$

Beim folgenden Beispiel soll das Vorhandensein eines Kennbuch-
staben (z. B. X) in einer Zeichenkette geklärt werden.

$$'X' \; \epsilon \; 'XOX100'$$

$$1$$

$$'X' \; \epsilon \; 'ORION'$$

$$0$$

Hinweis: Beide Argumente müssen von gleicher Variablenart sein (also entweder beide numerisch oder beide alphanumerisch).

3.2.3 Zahlenerzeugende Funktionen

In diesem Abschnitt werden Funktionen behandelt, die der <u>zufälligen</u> oder
<u>systematischen</u> Erzeugung von Zahlen dienen.

```
-----------------------------------
| INDEXVEKTOR-GENERATOR ( ι A ) |
-----------------------------------
```

Diese Funktion "Iota" wird zur Bildung von Indexvektoren (vgl. Abschnitt
3.2.5) herangezogen. Sein Prinzip besteht darin, ganze, um Eins aufsteigen-
de Zahlenreihen zu erzeugen, die bei Null oder Eins beginnen. Daher sind
seine Anwendungsmöglichkeiten sehr vielfältig. Bei dem Argument A muß es
sich um ein numerisches Skalar handeln. Die Funktion erzeugt dann die ersten
A Zahlen, beginnend bei Eins.

Beispiel: ι 5

     1   2   3   4   5

Es gilt , z.B. eine Reihe mit Jahreszahlen von 1980 bis 1985 zu
generieren.

        1979 + ι 6

    1980   1981   1982   1983   1984   1985

Eine Modifikation könnte darin bestehen, bestimmte Zeitintervalle
(z.B. 2 Jahre) für den Zeitraum 1980 bis 1990 zu bilden.

        1978 + 2 × ι 6

    1980   1982   1984   1986   1988   1990

Hinweis: Der Beginn der Zahlenreihe hängt vom Wert der Systemvariablen
         ⌷IO ("Quad-Index-Origin") ab. Mögliche Werte sind Null und Eins,
         wobei Eins als Defaultgröße (bei Systemart bestehender Wert) vor-
         gegeben ist. Mit ⌷IO←0 wird der Indexanfang auf Null gesetzt. Die
         Zahlenreihe läuft dann bis A - 1.

Beispiel: ι 5

        0   1   2   3   4

| *ZUFALLSZAHLENGENERATOR* (? A) |

Im Gegensatz zur gerade beschriebenen Funktion ist hier das Ergebnis der
Operation nicht vorher ohne weiteres bekannt. Für jedes Element des Argumentes A wird eine Zufallszahl aus dem Bereich von Eins bis zum Wert des
jeweiligen Elementes ermittelt.

Beispiel: ? 20

        12

Bei einer Marktuntersuchung sollen aus vier Kundengruppen jeweils
ein Kunde zufällig bestimmt werden. Die Anzahl der Kunden verteilt
sich wie folgt: Gruppe A = 50; B = 75; C = 60 und D = 50.

        ? 50   75   60   50

    7   37   7   50

Beim vorliegenden Ergebnis würde aus Gruppe A der siebte Kunde,
aus B der 37. Kunde usw. ausgewählt werden.

Hinweis: Auch bei dieser Funktion ist der Indexanfang relevant. Wird er auf
         Null gesetzt, so geht der mögliche Wertebereich zur Bestimmung

einer Zufallszahl von Null bis A - 1.

Hier dürfen wie beim Iota ebenfalls nur nichtnegative ganze
Zahlen als Argumente benutzt werden.

```
------------------------------
| STICHPROBE BILDEN ( A ? B ) |
------------------------------
```

Bei dyadischer Anwendung des Zufallszahlengenerators wird aus der Grundgesamtheit B eine Stichprobe von A Elementen zufällig entnommen. Hierbei
handelt es sich im statistischen Sinne um „Ziehen ohne Zurücklegen", d.h.
ein einmal bestimmter Wert kann nicht noch ein weiteres Mal im Ergebnis erscheinen.

Beispiel: Eine Wirtschaftsprüfungsgesellschaft erhält im Jahre 1984 123
         Rechnungsbelege eines Betriebes. Sie will von diesen zehn Prozent,
         abgerundet also 12 Belege, genauer überprüfen. Die Auswahl soll
         zufällig erfolgen.

```
        12 ? 123

  111   72   75   3   44   13   120   8   59   80   99   25
```

         Die zu den so ausgewählten Belegnummern gehörenden Belege würden
         dann einer genaueren Prüfung unterzogen.

Hinweis: Bei bestimmten Anwendungen (z.B. Simulationsmodellen) kann es wün-
        schenswert sein, in jedem Rechenlauf dieselbe Folge von Zufalls-
        zahlen zu erzeugen. Dazu muß der Ausgangswert für die Erzeugung
        von Zufallszahlen ($\Box RL$) vor jedem Rechengang denselben Wert er-
        halten (vgl. Teil 3, Kapitel 4.1).

3.2.4 Strukturverändernde Funktionen

Alle in diesem Abschnitt behandelten Funktionen wirken sich auf das rechte
Argument strukturverändernd aus, d.h. entweder ändert sich der Strukturtyp
(z.B. von Vektor zu Matrix), die Anzahl der Elemente oder die Reihenfolge
der Elemente.

```
-------------------------------------
| STRUKTURIERUNGSFUNKTION ( A ρ B ) |
-------------------------------------
```

Aus dem rechts befindlichen Argument wird mit Hilfe des linken Argumentes
eine Struktur erzeugt, für deren Aufbau die Dimension des linken Argumentes
entscheidend ist.

Beispiel: 2   3 ρ 2   7   5   14   13   18

      2   7   5

    14 13 18

Hinweis: Mit den bisher kennengelernten Funktionen war es nicht möglich,
         eine mehrzeilige Matrix zu erzeugen. Dagegen erlaubt die Verwen-
         dung des Zeichens ρ (Rho) die Erstellung jeder beliebigen Varia-
         blenstruktur. Im o.a. Beispiel bezeichnet das rechte Element (3)
         des linken Arguments B die Anzahl der Spalten und das linke Ele-
         ment (2) die Anzahl der Zeilen.
         Allgemein gilt, daß das letzte Element des linken Argumentes immer
         die Anzahl der Spalten, das vorletzte Element (falls vorhanden)
         die Anzahl der Zeilen bestimmt. Existieren zusätzliche Elemente
         im linken Argument, so werden durch diese weitere Dimensionen
         festgelegt.

Beispiel: 2   2   7 ρ 'PREIS 1PREIS 2MENGE 1MENGE 2'

     PREIS 1

     PREIS 2

     MENGE 1

     MENGE 2

Hinweis: Es wird also eine 3-dimensionale Matrix generiert. Die Darstel-
         lung der dritten oder weiterer Dimensionen erfolgt durch ge-
         trennte Ausgabe, die durch eine Leerzeile gekennzeichnet wird.

Die Anzahl der Elemente des rechten Argumentes muß nicht notwendigerweise
mit der Anzahl der Elemente übereinstimmen, die die gebildete Struktur aufweist. Besitzt das rechte Argument mehr Elemente (1. Fall) als zur Bildung
der Struktur benötigt werden, so werden die überflüssigen Elemente rechts
abgeschnitten. Fehlen dagegen Elemente (2. Fall), so werden bei der Forma-
tion der neuen Struktur die vorhandenen zyklisch wiederholt.

Beispiel: 1. Fall

$$3 \; \rho \; \iota \; 6$$

1   2   3

2. Fall

$$2 \quad 4 \; \rho \; 'ABC'$$

A   B   C   A

B   C   A   B

Hinweis: Bei der Strukturierung wird zeilenweise vorgegangen, d.h. zunächst wird eine Zeile vollständig aufgebaut, dann zur nächsten Zeile an den Anfang gesprungen:

$$2 \quad 4 \; \rho \; 'ABC'$$

$A \to B \to C \to A$
$B \to C \to A \to B$

| *AUFREIHUNGSFUNKTION (, A)* |

Diese Funktion dient dazu, alle Elemente einer beliebig dimensionierten Struktur als Vektor aufzureihen.

Beispiel:

$$\square \leftarrow M \leftarrow 2 \quad 5 \; \rho \; \iota \; 7$$

1   2   3   4   5

6   7   1   2   3

, *M*

1   2   3   4   5   6   7   1   2   3

| *VERKETTUNGSFUNKTION (A , B)* |

Der dyadische Gebrauch der Aufreihungsfunktion besteht im Verbinden numerischer oder alphanumerischer Ausdrücke zu einem neuen Ausdruck.

Beispiel: Es soll ein Vektor gebildet werden, der die einzelnen Quartalsumsätze in sich vereinigt. Die einzelnen Umsatzvektoren enthalten dabei die folgenden Werte:

```
QRT1   120   140   370

QRT2   132   149   407

QRT3   145   160   410

QRT4   140   155   400
```
Dann liefert

$$\Box \leftarrow UMSATZ \leftarrow QRT1 , QRT2 , QRT3 , QRT4$$

```
120  140  370  132  149  407  145  160  410  140  155  400
```

Alphanumerischer Fall:

$$[ ] \leftarrow 'ROH' , 'GEWINN'$$

ROHGEWINN

Das Verketten von Skalaren und /oder Vektoren ist unproblematisch. Handelt es sich jedoch bei mindestens einem der beiden zu verknüpfenden Argumente um eine Matrix, so muß mit Hilfe der Indizierung die Koordinate, entlang der die Verkettung erfolgen soll, spezifiziert werden (vgl. S. 16 f.).

Beispiel: $(T \leftarrow 2 \quad 6 \, \rho \, 'PREIS') , 2 \quad 4 \, \rho \, '19801981'$

PREIS 1980

PREIS 1981

$T , [1] \, 1 \quad 6 \, \rho \, 'KOSTEN'$

PREIS

PREIS

KOSTEN

Hinweis: Bei fehlender Indizierung wird immer entlang der letzten Koordinate der Argumente verkettet. Im obigen Beispiel sind die Anweisungen

$T , [2] \, 2 \quad 4 \, \rho \, '19801981'$

und

$T, \, 2 \quad 4 \, \rho \, '19801981'$

somit synonym.

Hinweis: Weiter müssen beim Verketten beide Argumente in der Größe aller Dimensionen übereinstimmen, außer in der Dimension, entlang der die Verkettung erfolgt.

Weitere Beispiele zum Gebrauch der Verkettungsfunktion finden sich in Kapitel 3.2 sowie in Teil 4.

Wird bei der Verkettungsfunktion mit nicht ganzzahligen Zahlen indiziert, so spricht man vom Schichten $(A,[X]B)$. Dabei werden beim Schichten die Argumente A und B entlang einer neuen Koordinate miteinander verbunden.

Beispiel: Aus zwei Vektoren soll eine Matrix erstellt werden.

$$B \leftarrow A \leftarrow \iota \ 3$$

$$\square \leftarrow A \ , \ [0.5] \ B$$

```
1   2   3

1   2   3
```

Das Beispiel zeigt, daß X kleiner 1 die Vektoren entlang der 1. Koordinate miteinander (zeilenweise) verknüpft. Bei X größer 1 würden die Vektoren entlang der 2. Koordinate (spaltenweise) miteinander verknüpft.

$$\square \leftarrow A \ , \ [1.4] \ B$$

```
1   1

2   2

3   3
```

Die neue Koordinate entsteht immer nach der Koordinate, die durch Abrunden von X bestimmt wird, oder vor der Koordinate, die durch Aufrunden von X spezifiziert wird.

| *KOMPRIMIEREN (A / B)* |

Durch diese Funktion können einzelne Komponenten einer Struktur eliminiert werden. Das linke Argument bestimmt durch Einsen die verbleibenden Komponenten und durch Nullen die zu entfernenden Komponenten von B.

Beispiel:

```
        1   0   1   1   0   1 / 17   4   21   31   5   37

        17   21   31   37
```

Hinweis: Handelt es sich bei dem rechten Argument um eine Matrix oder andere höhere Struktur, so ist die zu komprimierende Dimension durch Indizierung (vgl. Kapitel 3.2) zu bestimmen.

Beispiel: Unter einer Variablen UMS sind die Quartalsumsätze für 3 Divi-
sionen einer Unternehmung abgespeichert:

$$UMS$$

100   110   90   120

120   120   80   110

90   100   100   120

a) Es sollen nur die Umsätze des ersten und letzten Quartals ausgegeben werden:

$$1 \ 0 \ 0 \ 1 \ / \ UMS$$

100   120

120   110

90   120

b) Es sollen die Umsätze der zweiten Division ausgegeben werden:

$$0 \ 1 \ 0 \ / \ [1] \ UMS$$

120   120   80   110

Hinweis: Im ersten Fall könnte auch mit 2 indiziert werden , da entlang der
zweiten Koordinate komprimiert wird. Im zweiten Fall könnte der
Ausdruck /[1] durch das zusammengesetzte Zeichen ⌿ ersetzt
werden.

Hinweis: Das Komprimieren und das Indizieren von Strukturen sind in ihrer
Wirkung gleich. So wäre das Ergebnis im o.a. Beispiel unter a) auch
durch die Anweisung UMS[;1 4] zu erhalten. Welche Funktion günstiger ist, hängt von der jeweiligen Anwendung ab. Stehen die auszuwählenden Strukturelemente fest, ist im allgemeinen die Indizierung vorzuziehen, während das Komprimieren günstiger ist, wenn die
auszuwählenden Strukturelemente erst noch durch logische Operationen bestimmt werden müssen.

```
--------------------------
| EXPANDIEREN ( A \ B ) |
--------------------------
```

Entgegengesetzt zur Funktion des Komprimierens wirkt das Expandieren derart,
daß hierbei einzelne Komponenten in eine Struktur eingefügt werden können.
Einsen im linken Argument entsprechen den bestehenden Komponenten, Nullen
zeigen die Positionen der in B einzufügenden Blanks (Leerzeichen) bzw.
Nullen . Dabei werden Blanks in alphanumerische und Nullen in numerische

rechte Argumente eingesetzt.

Beispiel: 1   0   0   1 \ 17   24

               17   0   0   24

Hinweis: Die Anzahl der Einsen links muß gleich der Anzahl der Elemente
        rechts sein.

Bei Matrizen oder höheren Strukturen gelten dieselben Regeln wie bei anderen, zu indizierenden Funktionen (vgl. Kapitel 3.2 ; KOMPRIMIEREN etc.).
Als synonymes Symbol zum Expandieren entlang der ersten Koordinate (\[1])
existiert (⍀).

```
-------------------------------------------------
| SPIEGELUNGSFUNKTION ( Φ A , ⊖ A UND ⍉ A ) |
-------------------------------------------------
```

Das Spiegeln ist bei Verwendung von Vektoren oder Matrizen als Argument
sinnvoll. Je nach Lage der Spiegelungsachse sind drei verschiedene Funkti-
onen zu unterscheiden:

- Spiegeln um eine senkrechte Achse   (Φ A)
- Spiegeln um eine waagerechte Achse   (⊖ A)
- Spiegeln um eine diagonale Achse   (⍉ A)

Beispiele: Φ ι 5

               5   4   3   2   1

                   [] ← M ← 3   4 ρ ι 12

          1   2   3   4

          5   6   7   8

          9   10   11   12

                   ⍉ M

          4   3   2   1

          8   7   6   5

         12   11   10   9

                   ⊖ M

          9   10   11   12

          5   6   7   8

          1   2   3   4

```
       Φ M

   1    5    9

   2    6   10

   3    7   11

   4    8   12
```

Hinweis: Die Spiegelungsfunktionen finden häufig bei Aufbereitung von Tabellen nützliche Anwendung.

Beim Spiegeln von Strukturen mit einer Dimension größer zwei muß
die Achse, an der gespiegelt werden soll, genauer spezifiziert werden (vgl. Teil 1, Kapitel 2.1.2; KOMPRIMIEREN, VERKETTUNGSFUNKTION)

```
--------------------------------------------
| ROTATIONSFUNKTION ( A Φ B UND A Θ B ) |
--------------------------------------------
```

Wird die Spiegelungsfunktion dyadisch angewendet, so wird das rechte Argument entsprechend den Spezifikationen des linken Argumentes zyklisch verschoben.

Ist A ein Skalar und positiv, so werden die ersten A Komponenten von B
nach rechts an das Ende (bei Φ) bzw. nach unten (bei Θ) und bei negativem
Wert von A die letzten A Komponenten von B nach links an den Anfang (bei Φ)
bzw. nach oben (bei Θ) verschoben.

Beispiel: 2 Φ ι 6

         3   4   5   6   1   2

Die ersten beiden Elemente des Vektors werden nach rechts an das
Ende des Vektors verschoben

            2   3 ρ ι 6

     1   2   3

     4   5   6

            2 Φ 2   3 ρ ι 6

     3   1   2

     6   4   5

Entsprechend werden hier die ersten beiden Spalten von B nach
rechts verschoben

            ⁻2 Φ ι 6

     5   6   1   2   3   4

In diesem Fall werden die letzten beiden Elemente von B nach
links an den Vektoranfang gestellt.

$$3 \quad 3 \, \rho \, \iota \, 9$$

```
1   2   3
4   5   6
7   8   9
```

$$^-2 \, \Theta \, 3 \quad 3 \, \iota \, 9$$

```
4   5   6
7   8   9
1   2   3
```

Bei waagerechtem Rotieren wandern die letzten beiden Zeilen nach
oben.

Hinweis: Die Spezifikationen der Rotationsachse bei Strukturen mit einem
Rang größer zwei erfolgt ebenfalls durch Indizierung (vgl. Abschnitt 2.1.2 in Teil 2).

Handelt es sich bei dem linken Argument um einen Vektor, so werden hierdurch die einzelnen Komponenten und deren Verschiebung genauer spezifiziert.

Beispiel: $3 \quad 0 \quad 1 \quad ^-1 \, \Phi \, 3 \quad 4 \, \rho \, \iota \, 12$

```
9    2    7   12
1    6   11    4
5   10    3    8
```

Das erste Element des Vektors A spezifiziert somit die Verschiebung der ersten Spalte von B, d. h. die Elemente werden um zwei
nach unten verschoben. Das zweite Element des Vektors A bezieht
sich dann auf die 2. Spalte von B, die damit unverändert bleibt.
Für das dritte und vierte Element bzw. Spalte von A bzw. B wird
entsprechend vorgegangen.

```
--------------------------
| TRANSPONIEREN ( A ⍉ B ) |
--------------------------
```

Beim Transponieren wird eine Struktur B durch Angabe ihrer Koordinaten in A
verändert. Das Ergebnis zeigt also die Struktur B in der durch A spezifi-
zierten Zusammensetzung.

Beispiel:
$$\Box \leftarrow M \leftarrow 2 \quad 3 \, \rho \, \iota \, 6$$

```
1   2   3

4   5   6
```

$$2 \quad 1 \, \lozenge \, M$$

```
1   4

2   5

3   6
```

Die 2. Koordinate von B wird zur ersten - damit weist das Ergebnis drei Zeilen auf - und die 1. Koordinate zur zweiten, woraus zwei Spalten im Ergebnis folgen.

$$\Box \leftarrow M \leftarrow 2 \quad 2 \quad 3 \, \rho \, \iota \, 12$$

```
 1    2    3

 4    5    6


 7    8    9

10   11   12
```

$$2 \quad 3 \quad 1 \, \lozenge \, M$$

```
1    7

2    8


3    9

4   10


5   11

6   12
```

Die dritte Koordinate von B wird zur ersten, die erste von B zur zweiten und die zweite von B zur dritten Koordinate des Ergebnisses.

Bei den bisherigen Beispielen enthielt der Vektor A jede Koordinate von B höchstens einmal. Ist dies nicht der Fall, so bekommt das Transponieren eine andere Bedeutung. Durch Wiederholung einer Eins bei mehreren Koordinaten wird die Möglichkeit gegeben, Diagonalen von B anzusprechen.

Beispiel: $\square \leftarrow M \leftarrow 3 \quad 3 \; \rho \; \iota \; 9$

       1   2   3

       4   5   6

       7   8   9

            $1 \quad 1 \; \lozenge \; M$

       1   5   9

Ergebnis sind diejenigen Elemente von M, deren erster und zweiter
Index übereinstimmen, die also auf der Hauptdiagonalen liegen.

3.2.5 Strukturkomponentenbestimmende Funktionen

Oft soll nicht der gesamte Aufbau einer Struktur verändert werden, sondern
nur einzelne Elemente oder Komponenten der Struktur angesprochen werden.
Funktionen, die dies ermöglichen, werden in diesem Abschnitt unter "Strukturkomponentenbestimmende Funktionen" behandelt.

| *DIMENSION ZEIGEN (ρ A)* |

Eine grundlegende Funktion, um Strukturkomponenten ansprechen zu können, besteht im monadischen Gebrauch der Strukturierungsfunktion "Rho" (vgl. vorherigen Abschnitt). Während durch den dyadischen Gebrauch eine Struktur erzeugt wird, zeigt die monadische Verwendung die Dimension einer Struktur an.
Erst, wenn man die Dimension einer Variablen kennt, können auch einzelne
Elemente bzw. Komponenten angesprochen werden.

Beispiel: ρ *'PREIS PRODUKT 14'*

       16

        $M \leftarrow 3 \quad 4 \; \rho \; \iota \; 7$

        $\rho \; M$

    3   4

        $\rho \; \lozenge \; M$

    4   3

Hinweis: Durch diagonales Spiegeln einer Matrix (vgl. Abschnitt 3.2.4) wird
       deren Dimensionsvektor, der durch die Funktion "Dimension zeigen"
       abgefragt werden kann, zur senkrechten Achse gespiegelt.

Hinweis: Die Dimension eines Skalars wird durch diese Funktion als "Leerer
Vektor" angezeigt, d.h. bei der Ausgabe erscheint nur eine Leerzeile.

Beispiel: ρ 4

                ρ , 4

        1

Hinweis: Die Aufreihungsfunktion (vgl. Abschnitt 3.2.4) erzeugt immer einen
Vektor. Damit liefert die Aufreihung eines Skalars einen Vektor mit
einem Element und somit die Funktion "Dimension zeigen" eine 1.
Der Rang einer Struktur wird durch die Anwendung der Funktion "Dimension zeigen" auf das Ergebnis von ρA bestimmt.


```
---------------------------
```
| *INDIZIERUNG* (A [B]) |
```
---------------------------
```

Die Indizierung wurde bereits in Abschnitt 2.1.2 in Teil 2 behandelt, da es
sich streng genommen nicht um eine Funktion oder einen Operator handelt, wie der
Aufbau der allgemeinen Syntax zeigt. So existieren zwar zwei Argumente A und
B, wobei aber das rechte Argument B innerhalb der aus zwei Zeichen bestehenden "Funktion/Operator" eingeschlossen wird.
Auf der anderen Seite stellt die Indizierung - wie schon gezeigt - das ge-
bräuchlichste Verfahren dar, einzelne Elemente oder Komponenten einer Struktur anzusprechen.
Ferner wird die Indizierung auch als Operator benutzt, indem sie zur Spezifikation der Koordinate dient, entlang der eine Funktion angewendet werden
soll. Diese Anwendungsmöglichkeit wurde in der Einführung zu diesem Kapitel
sowie bei den einzelnen Funktionen behandelt.


```
-----------------------------------
```
| *POSITIONSBESTIMMUNG* (A ι B) |
```
-----------------------------------
```

Der dyadische Gebrauch des "Iota" (vgl. Abschnitt 3.2.3) ermöglicht die Bestimmung der Position von B im linken Argument A, bei dem es sich in jedem
Fall um einen Vektor oder ein Skalar handeln muß. Die Struktur des Ergebnisses stimmt mit der Struktur von B überein und zeigt für jedes Element
von B die erste Position in A an.

Beispiel: `'KOSTEN' ι 'T'`

　　　　　4

　　　　　　　　4　1　7　3　ι　2　3

　　　　　5　4

　　　　　　　　5　4　4　5　4　ι　4

　　　　　2

Hinweis: Wenn ein Element von B nicht in A enthalten ist, so wird als Ergeb-
　　　　　nis für diese Positionsbestimmung `(1+ρA)` ausgegeben. Im vorliegen-
　　　　　den Beispiel ist die 2 nicht im linken Argument enthalten und es
　　　　　erscheint somit eine 5 als Ergebnis.


```
-----------------------
| ENTNEHMEN ( A ↑ B ) |
-----------------------
```

Durch diese Funktion werden bei positivem A die ersten, bei negativem A die
letzten A Elemente aus B entnommen. Die Anzahl der Elemente von A ist dabei
genau so groß wie die Anzahl der Dimensionen von B.

Beispiel: `2 ↑ 20　30　40　50`

　　　　20　30

　　　　　　　　`2　⁻1 ↑ 2　3 ρ 'MONAT5'`

　　　　N

　　　　5


```
-----------------------
| ENTFERNEN ( A ↓ B ) |
-----------------------
```

Entsprechend dem Entnehmen werden bei einem positiven A die ersten, bei
einem negativen A die letzten A Elemente aus B entfernt.

Beispiel: `⁻2 ↓ 20　30　40　50　60`

　　　　20　30　40

　　　　　　　　`7 ↓ 'POSITIVNEGATIV'`

　　　　NEGATIV

```
------------------------------------------
| SORTIERINDEXBILDUNG ( ▲ A UND ▼ A ) |
------------------------------------------
```

Vektoren können aufsteigend (▲) und absteigend (▼) sortiert werden. Dabei bilden diese Funktionen zunächst nur den Indexvektor.

Beispiel: $V ← ^-7$ 6   4 $^-10$ 0   1   17

                ▲ V

        4   1   5   6   3   2   7

Das kleinste Element von V befindet sich in diesem Fall an der 4.
Stelle, das nächstgrößere an der 1. Stelle usw. Soll dieser Vektor sortiert werden, so muß V zusätzlich mit dem Indexvektor der
sortierten Elemente indiziert werden.

        V [▲ V]

    $^-10$ $^-7$ 0   1   4   6   17

Das absteigende Sortieren erfolgt entsprechend:

        V [▼ V]

    17   6   4   1   0 $^-7$ $^-10$

3.2.6 Funktionen zur Umwandlung von numerischen und alphanumerischen Variab-
      len und Daten


```
---------------------------
| DEAKTIVIEREN ( ⊤ A ) |
---------------------------
```

In APL ist es nicht möglich, ohne weiteres numerische und alphanumerische
Daten gemischt auszugeben. Hierzu ist es erforderlich, die numerischen Daten
mit Hilfe des Deaktivierungszeichens in alphanumerische Daten umzuwandeln.

Beispiel: In einer Zeile soll folgendes ausgegeben werden:

    KOSTEN 1980:   DM
    Die einzusetzenden Kosten sind in der numerischen Variablen KOS
    enthalten.

        [] ← 'KOSTEN 1980: ' , (⊤ KOS) ,' DM'

    KOSTEN 1980: 12500 *DM*

Hinweis: Sollten sich rechts von den numerischen Daten noch weitere alpha-
         numerische Daten befinden, so sind die zu deaktivierenden Werte in

Klammern einzuschließen.

```
-------------------------
| FORMATIEREN ( A ⍕ B ) |
-------------------------
```

Die dyadische Verwendung des Sysmbols ⍕ besteht im Formatieren numerischer
Daten. Dabei spezifiziert A die Anzahl der Gesamtstellen sowie die Anzahl der
Stellen nach dem Dezimalpunkt.

Beispiel: 9 3 ⍕ 3 2 ρ 17.5 12.2753 ‾14 0 ‾2.0119 6

     17.500   12.275

    ‾14.000   0.000

     ‾2.012   6.000

Hinweis: Es sind für das linke Argument zwei Fälle zu unterscheiden:

      1. A enthält nur ein Element. Dann bezeichnet dieses die Genauig-
         keit (Anzahl der Nachkommastellen) für die gesamten Elemente
         von B.

      2. A enthält zwei Elemente oder Vielfache von zwei. Dann bezeich-
         net jeweils das erste Element dieser 2-Tupel die Gesamtstellen-
         zahl und das zweite Argument die Anzahl der Nachkommastellen.
         Bei lediglich zwei Elementen in A gelten diese Formatierungspa-
         rameter für alle Elemente von B. Ist die Anzahl der Elemente in
         A ein Vielfaches von zwei, dann spezifizieren zwei Elemente je-
         weils die Formatierung einer Spalte.

Beispiel: ad 1   2 ⍕ 2 3 ρ ⍳ 6

        1.00   2.00   3.00

        4.00   5.00   6.00

     ad 2   6 1 8 3 ⍕ 2 2 ρ 2.5 1.03 ‾7

       2.5   1.030

     ‾7.0   2.500

Hinweis: Wird eine <u>halblogarithmische</u> Darstellung (z.B. 120 als 1.2E02) ge-
        wünscht, so ist ein negativer Wert für die Anzahl der Nachkomma-
        stellen einzusetzen. Bei dieser Darstellung errechnet sich dann die

Anzahl der Stellen hinter dem Dezimalpunkt aus dem Absolutbetrag des negativen Formatierungsparameters, vermindert um eins.

Beispiel: 10 ¯3 ₮ 10.734 500 ¯17.5

               1.07*E*01 5.00*E*02 ¯1.75*E*01

| *AKTIVIEREN* (± *A*) |

Diese Funktion erlaubt das Aktivieren von Zeichenketten, d.h. in den Zeichenketten befindliche Befehle werden ausgeführt.'

Beispiel: *B* ← ± '4×*A*←3'

               A , *B*

      3   12

Hinweis: Die Mächtigkeit dieser Funktion wird noch in Teil 4, Abschnitt 1.1.2 und Abschnitt 1.4.3 demonstriert.

| *VERSCHLUESSELN* (*A* ⊤ *B*) |

Diese Funktion erlaubt das Verschlüsseln eines numerischen Zifferncodes B in einen anderen Zifferncode, dessen Charakteristika mit A bestimmt werden.

Beispiel: Die Dezimalzahl 30 soll in das Dualsystem umgewandelt werden.
               (5 ρ 2) ⊤ 30

         1   1   1   1   0
         Das linke Argument enthält in absteigender Reihenfolge die Potenztabelle zur Basis 2. Das Ergebnis läßt sich also interpretieren als $(0 \times 2^0) + (1 \times 2^1) + (1 \times 2^2) + (1 \times 2^3) + (1 \times 2^4)$.

| *ENTSCHLUESSELN* (*A* ⊥ *B*) |

Die Umkehrfunktion zum Verschlüsseln erlaubt die Berechnung eines Argumentes

B in einem Zahlensystem mit der Basis A.

Beispiel: Es soll ermittelt werden, wieviele Sekunden in 2 Stunden, 47 Mi-
          nuten und 18 Sekunden enthalten sind:

$$24 \quad 60 \quad 60 \perp 2 \quad 47 \quad 18$$

10038

3.2.7 Operatoren

Operatoren zeichnen sich dadurch aus, daß deren Argumente Funktionen sind.

```
-----------------------
| REDUKTION ( FK / A ) |
-----------------------
```

Die Reduktion bewirkt, daß die ausgewählte Funktion (FK) zwischen jedes Element des Vektors A gesetzt wird.

Beispiele: *PLUS-REDUKTION (+ / A)*

$$+ / 10 \quad 20 \quad 25$$

55

MINUS-REDUKTION (- / A)

$$- / 10 \quad 5 \quad 3$$

8

MAXIMUM-REDUKTION (⌈ / A)

$$⌈ / 10 \quad {}^{-}20 \quad 30$$

30

UND-REDUKTION (∧ / A)

$$∧ / 1 \quad 1 \quad 0 \quad 1 \quad 1$$

0

Hinweis: Das Ergebnis 8 erscheint bei der Minus-Reduktion aufgrund der
         Rechts-Links-Regel (vgl. Teil 2, Abschnitt 2.3.1).

Handelt es sich bei dem Argument A um eine Matrix, so kann die Reduktion einer Zeile oder Spalte durch Indizierung herbeigeführt werden.

Beispiel: Die Zeilen der Matrix UMSATZ sollen aufsummiert werden.

$$\Box \leftarrow UMSATZ \leftarrow 3 \quad 2 \quad \rho \quad 1000 \quad 500 \quad 500 \quad 700 \quad 800 \quad 1000$$

```
1000    500    500

 700    800   1000
```

$$+ / [2] UMSATZ$$

```
2000   2500
```

Sollen die Spaltensummen bestimmt werden, so kann dies durch:

$$+ / [1] UMSATZ$$

```
1700   1300   1500
```

oder

$$+ \neq UMSATZ$$

erreicht werden.

```
------------------------
| AUFSTUFUNG ( FK \ A ) |
------------------------
```

Die Aufstufung setzt ebenfalls wie die Reduktion die gewählte Funktion (FK) zwischen jedes Element des Vektors A. Im Gegensatz zur Reduktion wird hier aber jedes Zwischenergebnis ausgegeben, d.h. die Variablenstruktur des Ergebnisses bleibt unverändert.

Beispiel:

$$+ \setminus \iota 5$$

```
1    3    6   10   15
```

$$\times \setminus \iota 4$$

```
1    2    6   24
```

Hinweis: Hier wird ausnahmsweise von der Rechts-Links-Regel abgewichen und von links nach rechts aufgelöst.

Die Spezifikation der Achse, entlang welcher die Aufstufung bei Matrizen und anderen höheren Strukturen erfolgen soll, vollzieht sich wie bei der Reduktion.

```
-----------------------------------
| AUESSERES PRODUKT ( A • . FK B ) |
-----------------------------------
```

Die Bildung des äußeren Produktes bedeutet, daß jedes Element aus A durch die Funktion (FK) mit jedem Element aus B verarbeitet wird. Der Name " Äußeres Produkt" ist eigentlich irreführend, da nicht nur das Multiplikationszeichen, sondern auch andere Funktionen an die Stelle von FK gesetzt werden können.

Beispiel: Die Wirkung des äußeren Produktes unter Verwendung des Multiplikationszeichens kann durch Bildung einer Tabelle mit dem Kleinen Einmaleins veranschaulicht werden.

$$(\iota\ 10) \circ . \times \iota\ 10$$

```
    1   2   3   4   5   6   7   8   9  10

    2   4   6   8  10  12  14  16  18  20

    3   6   9  12  15  18  21  24  27  30

    4   8  12  16  20  24  28  32  36  40

    5  10  15  20  25  30  35  40  45  50

    6  12  18  24  30  36  42  48  54  60

    7  14  21  28  35  42  49  56  63  70

    8  16  24  32  40  48  56  64  72  80

    9  18  27  36  45  54  63  72  81  90

   10  20  30  40  50  60  70  80  90 100
```

Als Funktion (FK) kann z.B. auch das Prüfen "auf kleiner" verwendet werden.

```
        3   1   8  ∘ . <  7   1   0   5

    1   0   0   1

    1   0   0   1

    0   0   0   0
```

Hinweis: Die Dimension des Ergebnisses läßt sich aus der Dimension der Argumente bestimmen und ergibt sich durch Verkettung von ρA mit ρB .

| INNERES PRODUKT (A FK1 . FK2 B) |

Das innere Produkt setzt sich aus zwei Funktionen (FK1 und FK2) zusammen. Entsprechend der Rechts-Links-Regel wird zunächst A FK2 B berechnet, also die rechtsstehende Funktion zur Ausführung gebracht. Auf das so entstandene Ergebnis wird die Reduktion (vgl. S. 59) mit FK1 als Funktion angewendet.

Beispiel: 3   7   4 ⌈ . × 4   2   0.5

        14

Das Ergebnis der ersten Operation ist die Multiplikation der kor-
respondierenden Elemente, also 12 14   2. Wendet man auf dieses
Ergebnis die Maximum-Reduktion an, so erhält man den höchsten
Wert 14.

Das übliche Matrizenprodukt ergibt sich durch $(A+.×B)$.

        (2   2 ρ ⍳ 4) + . × 2   3 ρ ⍳ 3

    3   6   9

    7 14 21

3.3 Aufgaben

1. Bitte formulieren Sie die entsprechende APL-Anweisung:

$\text{HYP} = \sqrt{a^2 + b^2}$ _____

$D = \sqrt{B^2 - 4AC}$ _____

$Q = \dfrac{A + B}{C}$ _____

2. Definieren Sie einen 10elementigen Vektor und geben Sie das dritte Element aus!

        _____

        _____

Multiplizieren Sie das vierte Element dieses Vektors mit -2 und weisen
Sie das Ergebnis dem letzten Element zu!

        _____

3. Ermitteln Sie die Summe der Zahlen von 1 bis 100!

        _____

4. Bilden Sie einen Vektor beliebiger Länge und strukturieren Sie diesen in
eine Matrix mit 10 Zeilen und 5 Spalten!

        _____

5. Es sei der Vektor B mit Inhalt ‾7 3 1.5 ‾3.2 vorgegeben. Ermitteln Sie die Summe der Absolutbeträge der einzelnen Vektorelemente!

    _____

6. Bitte erstellen Sie eine Tabelle mit dem Kleinen 1x1!

    _____

7. Gegeben sei ein Vektor UMSATZ mit den 12 Monatsumsätzen eines Betriebes.
    a) Geben Sie bitte die Monatsumsätze Mai, Juni, Juli und August aus!

       _____

    b) Ermitteln Sie den höchsten Umsatzwert des Jahres!

       _____

    c) Sortieren Sie den Vektor UMSATZ, wobei der höchste Wert vorne stehen soll, der zweithöchste dahinter usw.!

       _____

8. Stellen Sie die Position des Buchstabens "F" in der Zeichenkette "APL-FUNK-TION" fest!

    _____

9. Aus der Grundgesamtheit von 200 Dorfbewohnern, deren Alter im Vektor AGE gespeichert ist, soll eine Stichprobe von 20 Werten zufällig ausgewählt werden!

    _____

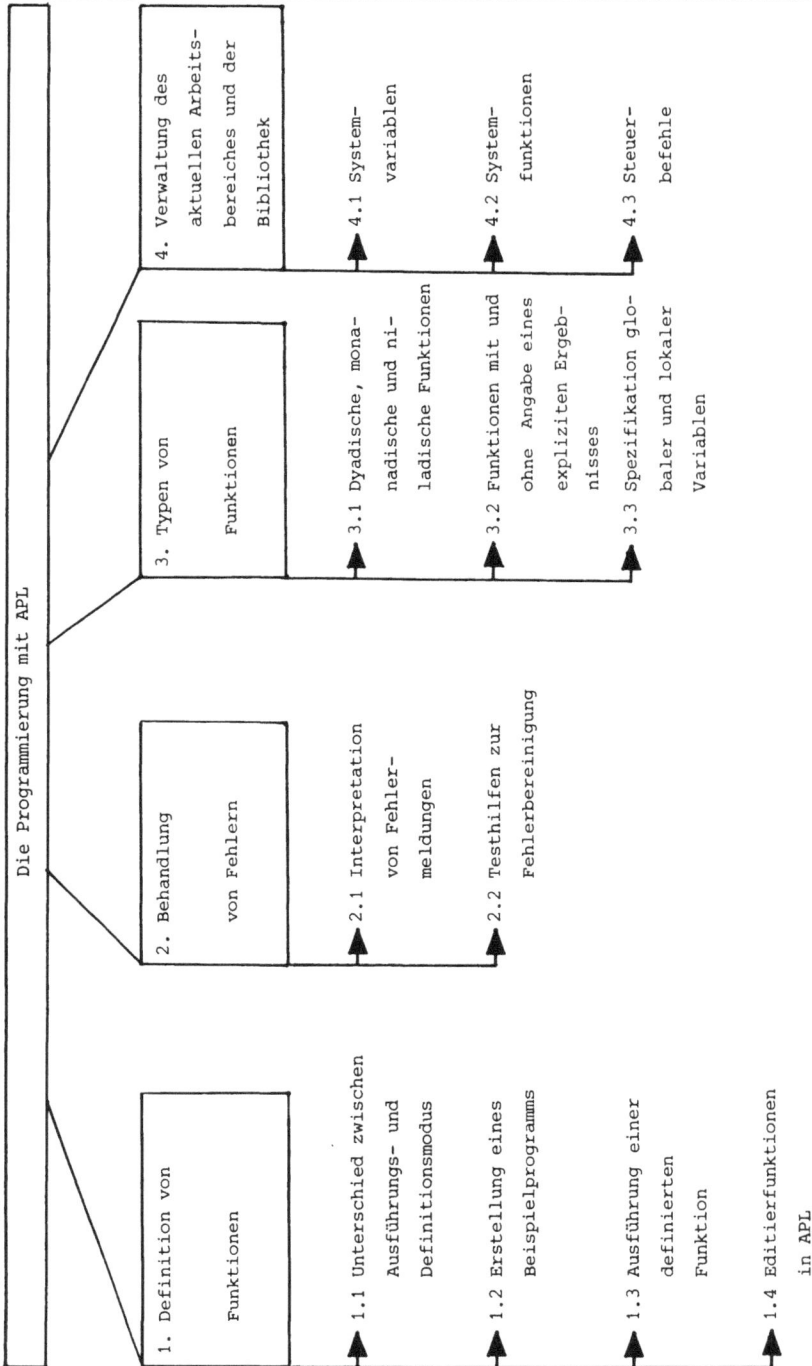

Die Programmierung mit APL

1. Definition von Funktionen

1.1 Unterschied zwischen Ausführungs- und Definitionsmodus

1.2 Erstellung eines Beispielprogramms

1.3 Ausführung einer definierten Funktion

1.4 Editierfunktionen in APL

2. Behandlung von Fehlern

2.1 Interpretation von Fehler- meldungen

2.2 Testhilfen zur Fehlerbereinigung

3. Typen von Funktionen

3.1 Dyadische, mona- nadische und ni- ladische Funktionen

3.2 Funktionen mit und ohne Angabe eines expliziten Ergeb- nisses

3.3 Spezifikation glo- baler und lokaler Variablen

4. Verwaltung des aktuellen Arbeits- bereiches und der Bibliothek

4.1 System- variablen

4.2 System- funktionen

4.3 Steuer- befehle

Teil 3
Die Programmierung mit APL

1. Definition von Funktionen

Neben den vorhandenen Funktionen und Operatoren kann der APL-Anwender auch
eigene Funktionen definieren, welche eine gemischte Verwendung der bisher
beschriebenen Operatoren und Funktionen erlauben.

1.1 Unterschied zwischen Ausführungs- und Definitionsmodus

Bisher wurde eine Anweisung nach Betätigung der Datenfreigabe- Taste sofort
ausgeführt. Das Arbeiten in diesem Bereich wird deshalb mit Ausführungsmodus bezeichnet. Sind zur Berechnung von Problemen verschiedene Rechen-
schritte nötig, müssen nacheinander mehrere Zeilen eingegeben werden. Sollen die gleichen Berechnungen für andere Daten ausgeführt werden, so bietet
es sich an, eigene Funktionen zu definieren, die diese Anweisungen unter
einem bestimmten Namen aufrufbar machen. Dies geschieht im Definitionsmodus.
Der Wechsel vom Ausführungs- in den Definitionsmodus (und umgekehrt) wird
dabei durch das Symbol ∇ (Nabla) herbeigeführt.

1.2 Erstellung eines Beispielprogramms

Im Gegensatz zum Arbeiten im Ausführungsmodus sind bei der Definition eigener Funktionen methodische Kenntnisse des Programmentwurfs notwendig. Einmal wird dadurch eine gedankliche Problemstrukturierung vorgenommen, die
sich auf das spätere Programm effizienzsteigernd (schnellerer Ablauf, kürzere Programmerstellungszeiten und geringere Fehlerrate) auswirken kann.
Ein weiterer Vorteil dieser Methoden liegt in der Dokumentation der Programme für späteren Gebrauch. Dies ist gerade in APL wegen des Fehlens von
Schlüsselworten sehr wichtig (vgl. Teil 1, Kapitel 2).
Handelt es sich bei den zu entwickelnden Programmen um komplexere Software-
systeme, so ist bei der gesamten Systemerstellung nach einem detaillierten
Phasenschema (vgl. BALZERT, 1982 S. 15ff.; SEIBT/SCHMITZ, 1985, S. 8ff.)
vorzugehen.
Hier sollen als grundsätzliche Methoden des Programmentwurfs das Erstellen
von Struktogrammen und Programmablaufplänen unterschieden werden. Beim Programmablaufplan werden die Programmanweisungen durch Symbole und Verbin-

dungslinien in ihrem logischen Ablauf dargestellt. Die Syntax und Semantik
der Komponenten von Programmablaufplänen werden in Abb. 13 gezeigt (vgl.
DEUTSCHES INSTITUT FÜR NORMUNG,DIN 66001,1977).

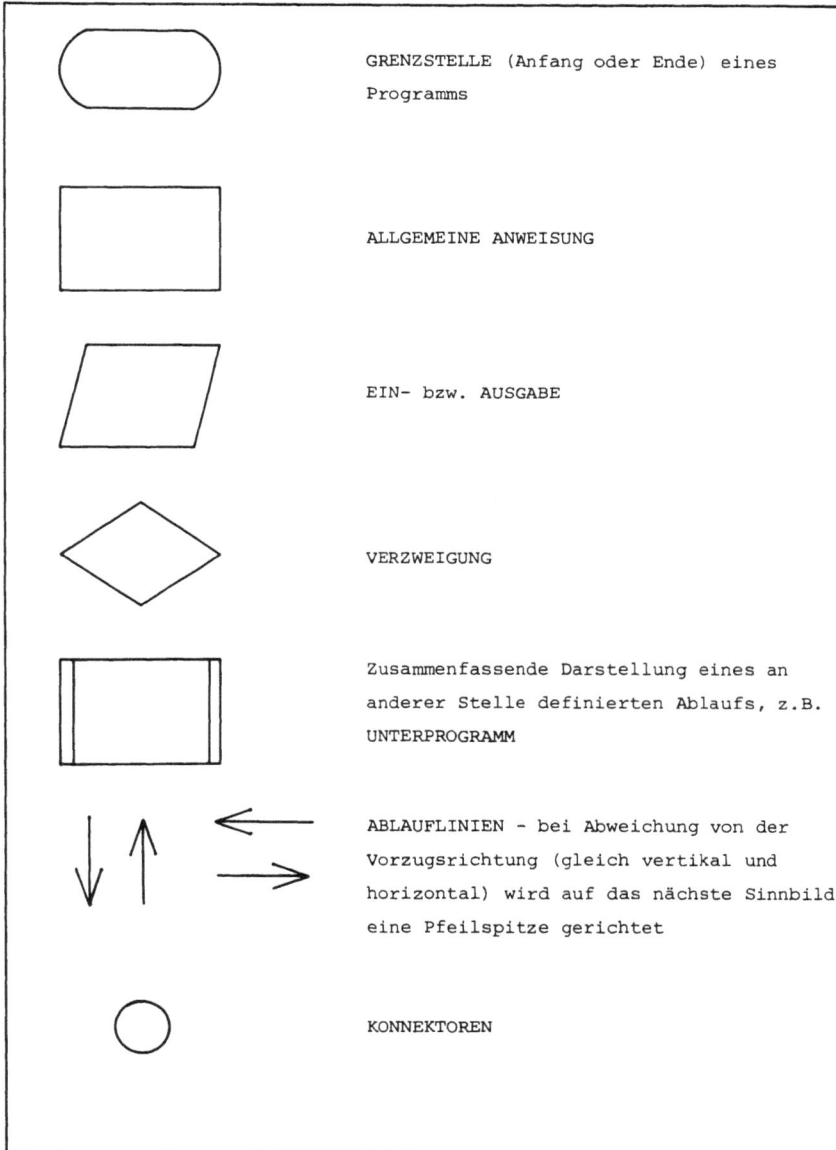

GRENZSTELLE (Anfang oder Ende) eines
Programms

ALLGEMEINE ANWEISUNG

EIN- bzw. AUSGABE

VERZWEIGUNG

Zusammenfassende Darstellung eines an
anderer Stelle definierten Ablaufs, z.B.
UNTERPROGRAMM

ABLAUFLINIEN - bei Abweichung von der
Vorzugsrichtung (gleich vertikal und
horizontal) wird auf das nächste Sinnbild
eine Pfeilspitze gerichtet

KONNEKTOREN

Abb. 13: Sinnbilder für Programmablaufpläne

Das zu entwickelnde Beispielprogramm soll 12 Monatsumsätze einlesen und die
Jahressumme sowie den durchschnittlichen Monatsumsatz berechnen. Ausgegeben
werden sollen die Eingabewerte und die Berechnungsergebnisse mit entsprechend erläuternden Texten. Der Programmablaufplan für die Lösung dieses Problems sieht dann folgendermaßen aus:

```
                    ╭─────────────╮
                    │  S T A R T  │
                    ╰─────────────╯
                           │
                    ╱─────────────╲
                   ╱ Aufforde-     ╱
                  ╱  rung zur     ╱
                 ╱   Eingabe     ╱
                  ╲─────────────╱
                           │
                    ╱─────────────╲
                   ╱ Eingabe       ╱
                  ╱  Umsätze      ╱
                   ╲─────────────╱
                           │
                  ┌─────────────────┐
                  │ Berechnung      │
                  │ Jahressumme     │
                  └─────────────────┘
                           │
                  ┌─────────────────┐
                  │ Berechnung      │
                  │ Durchschnitt    │
                  └─────────────────┘
                           │
                    ╱─────────────╲
                   ╱ Ausgabe       ╱
                  ╱   der         ╱
                 ╱  Ergebnisse   ╱
                  ╲─────────────╱
                           │
                    ╭─────────────╮
                    │   E N D E   │
                    ╰─────────────╯
```

Die Darstellung des Programmablaufs mit Hilfe von Struktogrammen geht zu-
rück auf Nassi/Shneiderman (vgl. NASSI/SHNEIDERMAN,1973,S. 12-26). Struktogramme geben die logische Struktur eines Programmes durch vier Typen von
Sinnbildern wieder (vgl.Abb. 14).

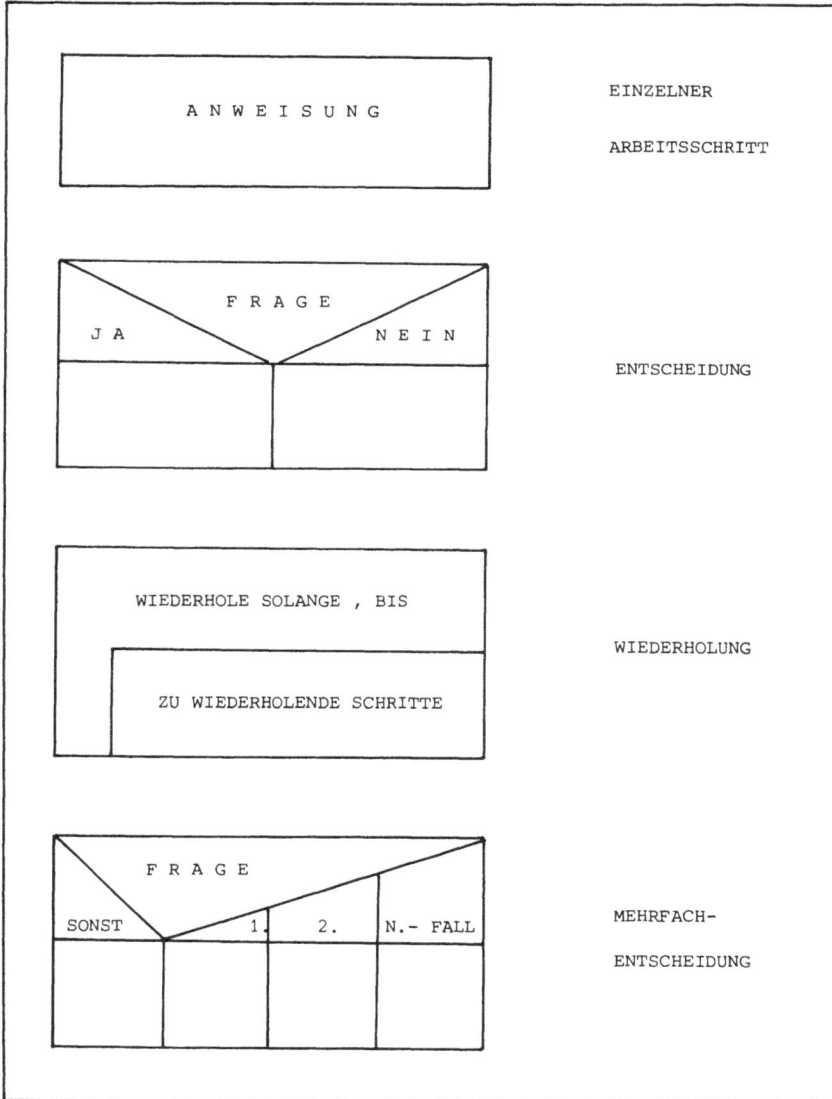

```
┌──────────────────────────────────────────────┐
│  ┌──────────────────────────────┐             │
│  │                              │  EINZELNER   │
│  │        A N W E I S U N G      │             │
│  │                              │  ARBEITSSCHRITT │
│  └──────────────────────────────┘             │
│                                                │
│  ┌──────────────────────────────┐             │
│  │ \          F R A G E        / │             │
│  │ J A  \                  /  N E I N │        │
│  │        \            /         │  ENTSCHEIDUNG │
│  ├──────────────┬───────────────┤             │
│  │              │               │             │
│  └──────────────┴───────────────┘             │
│                                                │
│  ┌──────────────────────────────┐             │
│  │   WIEDERHOLE SOLANGE , BIS    │             │
│  │  ┌────────────────────────┐   │  WIEDERHOLUNG │
│  │  │ ZU WIEDERHOLENDE SCHRITTE │ │             │
│  │  └────────────────────────┘   │             │
│  └──────────────────────────────┘             │
│                                                │
│  ┌──────────────────────────────┐             │
│  │ \   F R A G E              /  │             │
│  │ SONST \        1.  2.  N.- FALL │  MEHRFACH-  │
│  ├────┬────┬────┬────────────┤   │  ENTSCHEIDUNG │
│  │    │    │    │            │   │             │
│  └────┴────┴────┴────────────┘   │             │
└──────────────────────────────────────────────┘
```

Abb. 14: Sinnbilder von Struktogrammen

Die Darstellung eines Programms erfolgt dann durch Aneinanderfügen von Sinnbildern. Für das o.a. Beispiel ergibt sich:

Ausgabe: Geben Sie Umsatzdaten ein
Eingabe der Umsatzdaten
Berechnung der Jahressumme
Berechnung des Durchschnitts
Ausgabe der Ergebnisse

Die Entscheidung "Struktogramm oder Programmablaufplan" muß von der jeweiligen Anwendung abhängig gemacht werden. Die wesentlichen Merkmale von Struktogrammen sind zum einen die kompakte, übersichtliche Darstellung die auf
einer Seite erfolgen kann, und zum anderen das Fehlen von Konnektoren, die
die Möglichkeit bieten, größere Programme über mehrere Seiten darzustellen.
Diese Möglichkeit ist dagegen bei Programmablaufplänen gegeben, was aller-
dings oft zu Lasten der Übersichtlichkeit geht.
Nach dieser konzeptionellen Phase kann dann die Codierung der Programment-
würfe erfolgen. Dazu muß zunächst der Arbeitsmodus gewechselt werden (vom
Ausführungs- zum Definitionsmodus).
Ein APL-Programm besteht aus einer Kopfzeile, die den Programmnamen und
eventuell weitere Informationen enthält, sowie aus den Anweisungen (Programmzeilen). Für die Wahl des Programmnamens gelten die gleichen Konventionen wie bei Variablenbezeichnung (vgl. Teil 2, Abschnitt 2.1.3). Nachdem hinter dem Nabla (∇) ein "sprechender" Programmname eingegeben wurde,
meldet sich das System mit der Zeilennummer 1 in eckigen Klammern:

          ∇*UMSATZ*
  [1]

Jetzt kann die erste Anweisungszeile eingegeben werden. Nach Betätigen der
Datenfreigabe-Taste meldet sich das System mit der nächsten Programmzeile,
also einer [2]. Auf diese Art und Weise kann der Benutzer alle Anweisungen
eingeben. Nach der Zeilennummer, die der letzten Anweisung folgt, wird der
Definitionsmodus durch Eingabe von Nabla (∇) wieder verlassen. Für das
vorliegende Beispiel ergibt sich folgender Ablauf:

```
        ∇UMSATZ
[ 1 ]   []←'BITTE UMSATZVEKTOR EINGEBEN'
[ 2 ]   UM←[]
[ 3 ]   SUM←+/UM
[ 4 ]   MITTEL←SUM÷ρUM
[ 5 ]   []←'UMSATZREIHE'
[ 6 ]   []←UM
[ 7 ]   []←'JAHRESUMSATZ'
[ 8 ]   []←SUM
[ 9 ]   []←'DURCHSCHN. UMSATZ'
[ 10 ]  []←MITTEL
[ 11 ]  ∇
```

Damit ist die reine Programmerstellung abgeschlossen und das Programm im Arbeitsbereich unter dem Namen UMSATZ abgespeichert.

1.3 Ausführung einer definierten Funktion

Das fertiggestellte Programm kann nur im Ausführungsmodus zum Ablauf gebracht werden. Dies geschieht durch Eingabe des Funktionsnamens, d.h. vorher ist keine Kompilierung erforderlich, da APL eine Interpretersprache ist und jede Anweisung sofort ausgeführt wird.

```
      UMSATZ
BITTE UMSATZVEKTOR EINGEBEN
[]:
      140 150 180 170 170 160 150 160 180 180 170 190
UMSATZREIHE
140 150 180 170 170 160 150 160 180 180 170 190
JAHRESUMSATZ
2000
DURCHSCHN. UMSATZ
166.6666
```

Durch ein linksstehendes Fenster mit Doppelpunkt zeigt das System an, daß eine Eingabe erwartet wird. Diese erfolgt dann in der darunterliegenden Zeile. Bei erneutem Aufruf kann das Programm jetzt immer wieder mit anderen Umsatzdaten ausgeführt werden.

1.4 <u>Editierfunktionen in APL</u>

Um Änderungen in Funktionen vornehmen zu können oder sich Funktionen anzeigen zu lassen, muß wieder in den Definitionsmodus umgeschaltet werden.

$\nabla UMSATZ$
[1]

Die Spezifikation der gewünschten Editierfunktion erfolgt in eckigen Klammern.

```
------------------------------------
| ANZEIGEN DER FUNKTION ( [ [] ] ) |
------------------------------------
```

Durch diese Anweisung wird das gesamte Programm einschließlich der Kopfzeile ausgegeben.

```
        ∇UMSATZ
[ 1 ]   [[]]
        ∇UMSATZ
[ 1 ]   []←'BITTE UMSATZVEKTOR EINGEBEN'
[ 2 ]   UM←[]
[ 3 ]   SUM←+/UM
[ 4 ]   MITTEL←SUM÷ρUM
[ 5 ]   []←'UMSATZREIHE'
[ 6 ]   []←UM
[ 7 ]   []←'JAHRESUMSATZ'
[ 8 ]   []←SUM
[ 9 ]   []←'DURCHSCHN. UMSATZ'
[ 10 ]  []←MITTEL
[ 11 ]
```

Wenn man nur eine bestimmte Zeile ansehen will, muß deren Zeilennummer vor dem Fenster eingegeben werden, zum Beispiel:

```
[ 11 ]  [ 9[] ]
[ 9 ]   []←'DURCHSCHN. UMSATZ'
[ 10 ]  ∇
```

Nach Ausgabe der gewünschten Zeile befindet sich das System in der darauffolgenden Programmzeile (10). Durch Eingabe von Nabla kann hier der Definitionsmodus verlassen werden, ohne daß der Inhalt von Zeile 10 verändert wird.

Eine weitere Möglichkeit der Programmausgabe besteht darin, sich die Funktion von einer bestimmten Zeile an zeigen zu lassen. Dazu muß die entsprechende Zeilennummer hinter das Fenster gesetzt werden ([□X]).

```
-----------------------------------------------------
| UEBERSCHREIBEN EINER VORHANDENEN ZEILE ( [ X ] ) |
-----------------------------------------------------
```

Das Überschreiben einer Zeile geschieht durch Eingabe der entsprechenden
Zeilennummer X in eckigen Klammern und anschließender Angabe des neuen In-
halts. Im vorliegenden Beispiel soll in Zeile 9 "DURCHSCHN." ausgeschrieben
werden:

```
        ∇UMSATZ
[1]     [9]
[9]     □←'DURCHSCHNITTLICHER UMSATZ'
[10]    ∇
```

Bisher wurden Editierfunktionen Schritt für Schritt ausgeführt, d.h. es
wurde zunächst in den Definitionsmodus gewechselt, dann die entsprechende
Editierfunktion ausgeführt und schließlich wieder in den Ausführungsmodus
zurückgeschaltet. Alle diese Schritte lassen sich im Ausführungsmodus in
einer Zeile durchführen (sog. Expertenmodus). Beispielsweise soll der ursprüngliche Zustand von Zeile 9 wiederhergestellt werden:

```
        ∇UMSATZ[9] □←'DURCHSCHN. UMSATZ' ∇
```

```
-----------------------------------------------------
| LOESCHEN EINER VORHANDENEN ZEILE ( [ Δ X ] ) |
-----------------------------------------------------
```

Eine vorhandene Zeile X kann durch Eingabe von Delta (Δ) und der Zeilennummer in eckigen Klammern gelöscht werden. Im Beispielprogramm soll etwa
die Zeile 5 gelöscht werden.

```
        ∇UMSATZ[Δ5]∇
```

Nach Verlassen des Definitionsmodus werden die Zeilennummern automatisch
vom System neu organisiert. Das Programm hat nun folgendes Aussehen:

```
      ∇UMSATZ
[1]   []←'BITTE UMSATZVEKTOR EINGEBEN'
[2]   UM←[]
[3]   SUM←+/UM
[4]   MITTEL←SUM÷ρUM
[6]   []←UM
[7]   []←'JAHRESUMSATZ'
[8]   []←SUM
[9]   []←'DURCHSCHN. UMSATZ'
[10]  []←MITTEL
[11]  ∇
```

| *EINFUEGEN EINER NEUEN ZEILE ([X . Y]) |*

Eine neue Zeile wird in eine Funktion nach Eingabe einer gebrochenen Zahl
X.Y (in eckigen Klammern) eingefügt. Dabei muß X die Zeilennummer sein,
hinter der die neue Zeile folgen soll. Y ist eine beliebige ganze Zahl ungleich Null. Im vorliegenden Beispielprogramm soll die soeben gelöschte
Zeile wieder hinter Zeile 4 eingefügt werden. Dazu wird ein Wert zwischen 4
und 5 gewählt.

```
      ∇UMSATZ[4.1] []←'UMSATZREIHE'
```

Die Zeilennummern werden danach wieder entsprechend vom System reorganisiert.

```
      ∇UMSATZ
[1]   []←'BITTE UMSATZVEKTOR EINGEBEN'
[2]   UM←[]
[3]   SUM←+/UM
[4]   MITTEL←SUM÷ρUM
[5]   []←'UMSATZREIHE'
[6]   []←UM
[7]   []←'JAHRESUMSATZ'
[8]   []←SUM
[9]   []←'DURCHSCHN. UMSATZ'
[10]  []←MITTEL
[11]  ∇
```

Die hier vorgestellten Editierfunktionen stellt APL auf jeden Fall bereit.
Darüber hinausgehende komfortablere Editiermöglichkeiten sind anlagenspezi-
fisch bzw. betriebssystemabhängig.

1.5 Aufgaben

1. Erstellen Sie eine Funktion namens LOTTO, die eine Ausgabe von drei Lotto-
   tips in der folgenden Form erzeugt:

   ```
   TIP 1:    13  2  7 48 34 23
   TIP 2:     4 13  5 16 17 39
   TIP 3:     1  2  3 43 28 15
   ```

   Führen Sie alle notwendigen Änderungen in Ihrer Funktion durch, wenn die
   einzelnen Tips zusätzlich aufsteigend sortiert werden sollen!

2. Schreiben Sie eine Funktion mit Namen CEFA, die Temperaturen aus der Cel-
   sius- in die Fahrenheit-Skala überträgt. Es sollen die Celsius-Grade von
   -20 bis +20 erzeugt, umgerechnet und dann mit den entsprechenden Fahren-
   heit-Werten ausgegeben werden. Formel: FAHR = 9/5 CELS + 32

3. Erstellen Sie ein Programm, das zwei Alphazeichen oder Zahlen vom Bildschirm einliest (z.B. XY) und damit die folgende Ausgabe erzeugt:

   ```
   XYXYXYXYXYXYXY
   XYXYXYXYXYXYXY
   XYXYXYXYXYXYXY
   XYXYXYXYXYXYXY
   ```

2. Behandlung von Fehlern

Da das Programmieren im allgemeinen nicht fehlerfrei erfolgt, ist es wichtig, die verschiedenen Fehlermeldungen des Systems und die Möglichkeiten zu ihrer Bereinigung durch systematisches Testen kennenzulernen.

2.1 Interpretation von Fehlermeldungen

Programmierfehler lassen sich in zwei Klassen differenzieren. Syntaktische Fehler treten auf, wenn eine unkorrekte APL-Notation ausgeführt werden soll. Der Programmablauf wird in diesem Fall mit einer Fehlermeldung unterbrochen. Bei logischen Fehlern tritt dagegen keine Unterbrechung des Programmablaufs auf; die Ergebnisse sind jedoch nicht korrekt. Die möglichen Fehlermeldungen des APL-Systems beziehen sich somit nur auf Syntaxfehler:

```
----------------
| SYNTAX ERROR |
----------------
```

Diese Fehlermeldung erscheint, wenn eine APL-Anweisung eine unerlaubte Konstruktion enthält. Beispielsweise fehlt in der Anweisung

$$KOSTEN \leftarrow (\ STK \times VARKOS\ ) + FIXKOS\ ) \times 0.8$$

eine öffnende Klammer. Die Position des Fehlers kennzeichnet das APL-System durch eine nach oben gerichtete Pfeilspitze.

Beispiel: $GEW \leftarrow UMS\ {}^- KOS$

          $SYNTAX\ ERROR$

          $GEW \leftarrow UMS\ {}^- KOS$

              $\wedge$

```
----------------
| DOMAIN ERROR |
----------------
```

Werden bei einer APL-Funktion Argumente übergeben, für die diese Funktion nicht definiert ist, so tritt DOMAIN ERROR als Fehlermeldung auf. Bekannte Beispiele sind das Dividieren durch Null und das Radizieren aus einem negativen Ausdruck.

```
----------------
| VALUE ERROR  |
----------------
```

Ein VALUE ERROR tritt auf, wenn mit Variablen gearbeitet wird, die nicht definiert sind, d.h. ihnen wurde bisher noch kein Wert zugewiesen.

Beispiel: *KOSTEN* ← 100 150 130 170

              GEWINN ← *UMSATZ* - *KOSTEN*

      VALUE ERROR

              GEWINN ← *UMSATZ* - *KOSTEN*

                                    ∧

Das Verwechseln von O und Null wie im obigen Beispiel ist ein häufig auf-
tretender Fehler. Daher ist die Variable KOSTEN nicht definiert und es erscheint VALUE ERROR.

| *CHARACTER ERROR* |

Der Versuch, andere als im APL-Zeichensatz enthaltene Zeichen in einer APL-
Anweisung zu verwenden, wird durch das System mit CHARACTER ERROR beant-
wortet. Dieser Fehler tritt vor allem bei Geräten auf, die mehrere Tastaturen enthalten. Dabei erfolgt die Umstellung von einem Zeichensatz zum anderen lediglich durch Betätigung einer Taste.

| *INDEX ERROR* |

Diese Fehlermeldung erscheint bei der Indizierung (vgl. Teil 2, Abschnitt
3.2.5), falls ein Element bestimmt wird, das in der angesprochenen Struktur nicht vorhandenen ist.

Beispiel: *UMSATZ* ← 2 4 ρ 110 120 140 130 150 160 140 140

              UMSATZ[3;2]

      INDEX ERROR

              UMSATZ[3;2]

                      ∧

| *LENGTH ERROR* |

Einen LENGTH ERROR gibt das System aus, wenn Strukturdaten unverträglich
sind. Dies ist der Fall, wenn korrespondierende Dimensionen von unterschiedlicher Länge sind.

Beispiel: *UMSATZ* ← 100 120 130 110

                             GEWINN ← UMSATZ − 50 60 70 65 60

                    LENGTH ERROR

                             GEWINN ← UMSATZ − 50 60 70 65 60

                                            ∧

| *RANK ERROR* |

Sind Funktionen für Argumente mit der angegebenen Dimension nicht definiert,
so erscheint RANK ERROR als Fehlermeldung. Dies ist etwa der Fall, wenn ein
Vektor und eine Matrix addiert werden sollen.

Beispiel: (2   2 ρ ι 4) + ι4

             RANK ERROR

                     (2   2 ρ ι 4) + ι4

                     ∧

| *WS FULL* |

Diese Fehlermeldung unterscheidet sich von den bisher aufgeführten dadurch,
daß es sich nicht um einen syntaktischen Fehler handelt. Das APL-System
zeigt mit dieser Meldung an, daß der gesamte zur Verfügung stehende Speicherplatz belegt ist.
Die Beseitigung der bisherigen Fehlermeldungen erfolgte durch Korrektur
der Programmzeile. Tritt aber WS FULL als Fehlermeldung auf, so müssen
entweder der Arbeitsbereich vergrößert oder Variablen und/oder Funktionen
gelöscht werden (vgl. Abschnitt 4), um freien Speicherplatz zu erhalten.

2.2 Testhilfen zur Fehlerbereinigung

Ein syntaktisch korrektes Programm - das also ohne Fehlermeldung vollständig
abläuft - garantiert noch nicht, daß die erzeugten Lösungen auch logisch
richtig sind. Daher sollte sich an die eigentliche Programmierung immer eine
Testphase anschließen, in der mit Hilfe von systematischen Testdaten das
fertige Programm auf inhaltliche Richtigkeit überprüft wird.

Beispiel: Es wird ein Programm erstellt, das aus den geleisteten Wochen-
          stunden (WSTD), dem Stundenlohn (STDL), der Lohnsteuer (LST) und

der Sozialversicherung (SOZ) die Nettolohnberechnung für einen
Arbeitnehmer durchführt. Die Lohnsteuer soll 25 Prozent und die
Sozialversicherung 20 Prozent des Bruttolohns betragen.

```
        ∇NETTOLOHN
[1]     'EINGABE DER WOCHENSTUNDEN'
[2]     WSTD←[]
[3]     'EINGABE DES STUNDENLOHNS IN DM'
[4]     STDL←[]
[5]     BRUTTO←WSTD×STDL
[6]     LST←BRUTTO×0.25
[7]     SOZ←BRUTTO×0.2
[8]     NETTO←BRUTTO-SOZ-LST
[9]     'DER NETTOLOHN BETRAEGT: ',⍕NETTO
[10]    ∇
```

Zum Testen der Ergebnisse soll zunächst der Nettolohn für 40 Wo-
chenstunden und einen Stundenlohn von 32,40 DM berechnet werden.
Der Bruttolohn beträgt 1296,- DM, die Lohnsteuer 324,- DM und die
Sozialversicherung 259,20 DM. Die Subtraktion der Sozialversicherung und der Lohnsteuer vom Bruttolohn müßte einen Nettolohn von
712,80 DM ergeben. Bei Eingabe dieser Testdaten nach Programmaufruf, ergibt sich folgender Ablauf:

```
        NETTOLOHN
EINGABE DER WOCHENSTUNDEN
[]:
        40
EINGABE DES STUNDENLOHNS IN DM
[]:
        32.40
DER NETTOLOHN BETRAEGT: 1042.8
```

Das Ergebnis ist also falsch und das Programm noch weiter zu testen.

Da logische Fehler häufig nicht durch bloßes Betrachten des Programms ent-
deckt werden können, stellt APL zwei Testhilfen zur Verfügung, den Testvektor und den Stopvektor.
Der Testvektor bewirkt, daß das Resultat einer vorher festgelegten Programmzeile beim Programmablauf ausgegeben wird. Der Testvektor wird durch Ver-
knüpfung von 'T∆' mit dem Namen der zu testenden Funktion und der Zuweisung einer oder mehrerer Zeilennummern gesetzt.

Beispiel: Für das Programm NETTOLOHN sollen die Zeilen 5, 6, 7 und 8 gete-

stet werden, da in diesen Zeilen Berechnungen erfolgen, die für
den Fehler verursachend sein müssen.

```
        TΔNETTOLOHN←5 6 7 8

        NETTOLOHN
   EINGABE DER WOCHENSTUNDEN
   []:
        40
   EINGABE DES STUNDENLOHNS IN DM
   []:
        32.40
   NETTOLOHN[5] 1296
   NETTOLOHN[6] 6
   NETTOLOHN[7] 259.2
   NETTOLOHN[8] 1042.8
   DER NETTOLOHN BETRAEGT: 1042.8
```

Zeile 5 gibt also den Bruttolohn, Zeile 6 die Lohnsteuer, Zeile 7
die Sozialversicherung und Zeile 8 den Nettolohn aus. Vergleicht
man diese Werte mit den zu erwartenden Ergebnissen, so zeigt sich,
daß der Bruttolohn und der Sozialversicherungsbetrag richtig, der
Nettolohn und die Lohnsteuer falsch berechnet wurden. Der Fehler
bei der Berechnung der Lohnsteuer entsteht in Zeile 6 aus der Verwendung des Potenzierungszeichens anstelle des Multiplikationszeichens. Es wird also die vierte Wurzel des Bruttolohns berechnet (Ergebnis ist 6 statt 324). Dieser Fehler wird bereinigt und
dann das Programm erneut getestet.

```
         ∇NETTOLOHN[6[]]
   [6]      LST←BRUTTO*0.25
   [7]      [6] LST←BRUTTO×0.25 ∇


         NETTOLOHN
   EINGABE DER WOCHENSTUNDEN
   []:
        40
   EINGABE DES STUNDENLOHNS IN DM
   []:
        32.40
   NETTOLOHN[5] 1296
   NETTOLOHN[6] 324
   NETTOLOHN[7] 259.2
   NETTOLOHN[8] 1360.8
   DER NETTOLOHN BETRAEGT: 1360.8
```

Die Zwischenergebnisse sind jetzt korrekt, das Endergebnis nach
wie vor falsch. Der Fehler kann also nur in Zeile 8 liegen; er besteht in der Vernachlässigung der Rechts-Links-Regel. Die Korrektur lautet:

```
∇NETTOLOHN[8[]]
[8]    NETTO←BRUTTO-SOZ-LST
[9]    [8] NETTO←BRUTTO-SOZ+LST ∇
```

Um die Ausgabe der Zwischenergebnisse wieder zu unterdrücken, muß
dem Testvektor der Wert Null zugewiesen werden.

```
T∆NETTOLOHN←0
NETTOLOHN
EINGABE DER WOCHENSTUNDEN
[]:
        40
EINGABE DES STUNDENLOHNS IN DM
[]:
        32.40
DER NETTOLOHN BETRAEGT: 712.8
```

Ein Vergleich des jetzigen Ergebnisses mit dem zu erwartenden
zeigt nun die gewünschte Übereinstimmung.

Die zweite Möglichkeit zur Testhilfe ist der Stopvektor.Hierbei wird im Gegensatz zum Testvektor an einer vorher definierten Stelle die Programmausführung unterbrochen. Vom Benutzer können dann die Werte aller verwendeten
Variablen durch Eingabe der Variablenbezeichnung abgefragt werden. Für das
Programm NETTOLOHN soll die Programmausführung nach der Zeile 7 beendet
werden. Dazu wird dem Stopvektor die Ziffer der folgenden Anweisungszeile
(8) zugewiesen und das Programm erneut aufgerufen:

```
S∆NETTOLOHN←8

NETTOLOHN
EINGABE DER WOCHENSTUNDEN
[]:
        40
EINGABE DES STUNDENLOHNS IN DM
[]:
        20
NETTOLOHN[8]
```

Das Programm hat die Berechnung bis einschließlich Zeile 7 (So-
zialversicherungsberechnung) abgeschlossen. Die bisher definierten
Variablen können abgefragt werden.

```
              BRUTTO
       800
              LST
       200
              SOZ
       160
```

Es läßt sich z.B. jetzt durch Eingabe von BRUTTO - LST - SOZ feststellen, ob auch die Nettolohnberechnung korrekt durchgeführt
wird. Der Vorteil dieses Testverfahrens liegt darin, daß nur die
fehlerhafte Zeile und nicht das gesamte Programm bei der Fehler-
suche ausgeführt werden muß. Nach Fehlerkorrektur kann der weitere
Ablauf des Programms dann durch Eingabe eines nach rechts gerichteten Pfeiles und der Zeilennummer oder durch Eingabe von →⎕LC
(vgl. S. 89) herbei geführt werden:

```
       →8
   DER NETTOLOHN BETRAEGT: 440
```

Der Stopvektor kann ebenfalls durch Zuweisung einer Null wieder gelöscht
werden.

2.3 <u>Aufgaben</u>

1. Kennzeichnen Sie syntaktisch und logisch fehlerfreie APL-Statements mit
   einem Kreuz!

```
1 + 3 4 5                   ____
X ← ¯4 * 0.5                ____
'ZAPP' ι 'C'                ____
3 2 × 4 5 3                 ____
Q←6 AC                      ____
VEK←'A','LPHA'              ____
'ABCEF' / 1 0 1 0           ____
3 ≤ 2                       ____
```

2. Bitte ordnen Sie den nachstehenden fehlerhaften APL-Anweisungen die entsprechenden Fehlermeldungen zu:

```
   1.    3500 ¯ 50                    A. RANK ERROR

   2.    ι724 5 + 25 26 43            B. SYNTAX ERROR

   3.    (ι4) × 2 3 ρι6               C. DOMAIN ERROR

   4.    400 ÷ 2 - 2                  D. LENGTH ERROR
```

3. Typen von Funktionen

In APL existieren unterschiedliche Typen von selbstdefinierten Funktionen, die sich an verschiedenen Merkmalen in der Kopfzeile unterscheiden.

3.1 Dyadische, monadische und niladische Funktionen

Auch die selbstdefinierten Funktionen lassen sich hinsichtlich ihrer Wertigkeit differenzieren. Wie bei den Funktionen und Operatoren, die APL bereitstellt (vgl. Teil 2, Kapitel 3), besteht die Möglichkeit, bei vom Anwender erstellten Funktionen Argumente zu übergeben. Je nach Anzahl der Argumente unterscheidet man monadische (ein Argument) und dyadische (zwei Argumente) Funktionen. Darüber hinaus gibt es - wie bei allen vorstehenden Beispielprogrammen - selbstdefinierte Funktionen ohne Argumente. Diese Funktionen bezeichnet man als niladische Funktionen, d. h. ihr Aufruf erfolgt durch bloße Eingabe des Funktionsnamens. Bei monadischen Funktionen wird das Argument rechts vom Funktionsnamen in der Kopfzeile spezifiziert.

Beispiel: Es soll ein Programm erstellt werden, daß die Summe eines beliebig großen numerischen Vektors ermittelt, der bei Aufruf dem Programm übergeben wird.

```
      ∇SUM VEKTOR
[1]     'DIE SUMME DES VEKTORS BETRAEGT'
[2]     []←+/,VEKTOR
[3]     ∇
```

```
      SUM 1 7 2 19
DIE SUMME DES VEKTORS BETRAEGT
29
```

Hinweis: Wird bei Aufruf einer monadischen oder dyadischen Funktion die Übergabe eines Argumentes vergessen, so meldet das System einen SYNTAX ERROR.

Bei dyadischen Funktionen wird jeweils links und rechts vom Funktionsnamen ein Argument übergeben.

```
      ∇VON JREIHE BIS
[1]     []←(VON-1)+ι1+BIS-VON
[2]     ∇
        ∇
```

```
      1977 JREIHE 1985
1977 1978 1979 1980 1981 1982 1983 1984 1985
```

Ein Vorteil bei der Übergabe von Argumenten ist darin zu sehen, daß der Programmablauf nicht ständig durch Benutzereingaben unterbrochen wird. Ein weiterer Vorteil wird in Kapitel 3.3 bei der Behandlung globaler und lokaler Variablen gezeigt.

3.2 Funktionen mit oder ohne Angabe eines expliziten Ergebnisses

Normalerweise kann man Ergebnisse von Funktionen nicht in zusammengesetzten Ausdrücken verwenden.

Beispiel: Bei der Nettolohnberechnung aus Kapitel 2.2 haben 14 Arbeitneh-
          mer die gleiche Wochenstundenzahl und den gleichen Stundenlohn.
          Will man die Lohnsumme dieser 14 Arbeitnehmer ermitteln, so
          braucht man nur das Ergebnis von NETTOLOHN mit 14 zu multiplizie-
          ren. Die Anweisung 14 × NETTOLOHN ist aber ohne weiteres nicht
          möglich. Es muß zunächst eine Ergebnisvariable in der Kopfzeile
          (Zeilennummer 0) vereinbart werden.

```
          ∇NETTOLOHN[0]
    [0]   NETTO←NETTOLOHN
    [1]   [Δ8] ∇
          ∇
```

Dazu wurde die Kopfzeile mit der Null in eckigen Klammern angesprochen und NETTO als Ergebnisvariable bestimmt. Damit ist sie in
einem zusammengesetzten Ausdruck Träger des Funktionsergebnisses.
Jetzt kann die Lohnsumme berechnet werden:

```
          14×NETTOLOHN
    EINGABE DER WOCHENSTUNDEN
    []:
          40
    EINGABE DES STUNDENLOHNS IN DM
    []:
          15
    4620
```

Hinweis: Die Ergebnisvariable muß sowohl in der Kopfzeile als auch im An-
         weisungsbereich vorhanden sein.

3.3 Spezifikation globaler und lokaler Variablen

Jede Variable, die in der Kopfzeile einer selbstdefinierten Funktion enthalten ist, ist eine lokale Variable. Sie ist dem System nur während des Funk-
tionsablaufes bekannt. Alle anderen Variablen innerhalb des Programms, die
nicht in der Kopfzeile auftauchen, sind global, d.h. ihr Wert kann auch nach
Programmausführung abgefragt werden.

Beispiel:

```
        ∇SUMME
[1]     QRT1←30000
[2]     QRT2←40000
[3]     QRT3←45000
[4]     QRT4←35000
[5]     SUM←QRT1+QRT2+QRT3+QRT4
[6]     □←SUM
[7]     ∇
        ∇

        SUMME
150000
        QRT1
30000
        QRT4
35000
        SUM
150000
```

Die Verwendung lokaler Variablen hat zum einen den Vorteil, daß diese Speicherplatz einsparen, da sie nur während der Programmausführung definiert
sind und zum anderen den Vorzug, daß in verschiedenen Funktionen die Variablennamen mehrfach benutzt werden können. Lokale Variablen, die nicht explizites Ergebnis oder Argument einer Funktion sind, werden durch ein Semikolon hinter dem rechten Argument (sofern vorhanden) gekennzeichnet.

Beispiel:

```
        ∇SUMME;QRT1;QRT2;QRT3;QRT4;SUM
[1]     QRT1←30000
[2]     QRT2←40000
[3]     QRT3←45000
[4]     QRT4←35000
[5]     SUM←QRT1+QRT2+QRT3+QRT4
[6]     □←SUM
[7]     ∇
        ∇

        SUMME
15)000
        QRT1
VALUE ERROR
        QRT1
        ∧
```

<u>Hinweis</u>: Ein weiterer Vorteil der Verwendung lokaler Variablen und der Über-
gabe von Argumenten besteht darin, daß hierdurch leicht erkennbar
ist, welche externen Daten ein Programm benötigt.

3.4 <u>Aufgaben</u>

1. Erstellen Sie eine dyadische Funktion mit Namen PLUS ohne explizites Ergebnis, deren Ausgabe die Addition zweier Argumente ist, die beim Aufruf
übergeben werden.

2. Kennzeichnen Sie die den Kopfzeilen zugrundeliegenden Funktionen hinsichtlich ihrer Wertigkeit (niladisch, monadisch oder dyadisch) und ihres Ergebnisses (explizit oder nicht explizit):

   $\nabla E \leftarrow LOTTO$

   $\nabla X \ HYP \ B;C;D$ _____

   $\nabla Q \leftarrow A \ B \ C$ _____

   $\nabla RUNDE \ ZAHL$ _____

3. Schreiben Sie ein monadisches Programm mit Namen KAPITAL, das zur Bestimmung eines Guthabens unter Berücksichtigung von Zinseszinsen führt, wenn
das Kapital n Jahre angelegt wird.
Das Rechtsargument soll enthalten:
   o Anfangskapital (K),
   o Anfangsjahr (AJ),
   o Endjahr (EJ) und
   o Zinssatz (I),
wobei die Größe dieses Vektors ein Vielfaches von 4 sein kann. Es soll ausgegeben werden das Guthaben (G) und die übergebenen Daten.
Formel zur Guthabenberechnung: $G = K \times (1 + I)^n$

4. Verwaltung des aktuellen Arbeitsbereiches und der Bibliothek

Neben den bisher behandelten APL-Funktionen und Operatoren stellt das APL-System noch weitere Variablen, Funktionen und Befehle zur Systemsteuerung und Erleichterung des Arbeitsablaufs zur Verfügung.

4.1 Systemvariablen

Bei den Systemvariablen unterscheidet man solche, denen ein Wert zugewiesen werden kann und solche ohne Möglichkeit zur Wertzuweisung.

| *COMPARISON TOLERANCE* (⎕*CT*) |

Die Toleranz hat Einfluß auf alle Funktionen, bei denen ein Zahlenvergleich durchgeführt wird. Der Defaultwert (Wert im leeren Arbeitsbereich bei Systemstart) ist $1 E^-13$, d.h. bei einem Vergleich werden die ersten 13 Nachkommastellen berücksichtigt.

Beispiel: Will man beim Vergleich verschiedener Umsatzwerte nur zwei Nachkommastellen berücksichtigen, so kann man dies durch Zuweisung von $1 E^-2$ auf ⎕*CT* erreichen. Ein Vergleich von Werten, die sich in weiteren Nachkommastellen unterscheiden, ergibt jetzt eine Eins.

$$⎕CT ← 1E^-02$$

$$100.374 = 100.37209 \quad 100.39$$
$$1 \quad 0$$

| *INDEX ORIGIN* (⎕*IO*) |

Diese Systemvariable kann den Wert Eins oder Null annehmen. Sie hat Einfluß auf das Indizieren, die Verwendung des Iota und des Fragezeichens. Bei Systemstart hat ⎕*IO* den Wert Eins. Ein Beispiel zur Bedeutung des Indexanfangs wurde bei der Funktion Indexvektorgenerator ausgeführt (vgl.S. 42).

```
-------------------------------
| LATENT EXPRESSION (□LX) |
-------------------------------
```

Mit Hilfe des latenten Ausdrucks ist es möglich, erläuternde Texte zu einem
Arbeitsbereich abzuspeichern. Wird dieser Arbeitsbereich in den aktuellen
Arbeitsbereich geladen (vgl. Steuerbefehl LOAD), so wird die auf □LX zuge-
wiesene Variable ausgegeben.

```
-------------------------------
| PRINTING PRECISION (□PP) |
-------------------------------
```

Mit dieser Variable kann die bei der numerischen Ausgabe vorgesehene Anzahl
von Stellen (Defaultwert:10) bis auf maximal 16 Stellen verändert werden.

```
-------------------------------
| PRINTING WIDTH (□PW) |
-------------------------------
```

Die Zeilenbreite gibt die Anzahl der Zeichen pro Zeile (Defaultwert:120)
bei der Ausgabe an.

```
-------------------------------
| RANDOM LINK (□RL) |
-------------------------------
```

Die Ausgangszufallszahl beeinflußt die Erzeugung von Zufallszahlen und die
Bildung von Stichproben (vgl. Teil 2, Abschnitt 3.2.3). Der Wert bei Systemstart beträgt $7 * 5 = 16807$.

Während den bisher vorgestellten Systemvariablen (□CT,□IO,□LX,□PP,□PW,
□RL) durch den Anwender ein neuer Wert zugewiesen werden konnte, können die
Systemvariablen □AI,□AV,□TS,□WA und □LC nur abgefragt werden.

```
-------------------------------
| ACCOUNTING INFORMATION (□AI) |
-------------------------------
```

□AI liefert verschiedene Abrechnungsinformationen, so z.B. Benutzernummer,
Rechenzeit, Anschlußzeit und Eintippzeit.

```
        □AI
1001 613 15661 8376
```

| *ATOMIC VECTOR* (□*AV*) |

Diese Variable enthält alle 256 im EBCD-Code verschlüsselbaren Zeichen. Die inhaltliche Zusammensetzung von □*AV* ist systemabhängig und daher von Anlage zu Anlage verschieden.

<u>Beispiel:</u> Der Zeichenvektor "alle Zeichen" hat in VSAPL unter TSO folgendes Aussehen:

```
      16  16ρ□AV
   -- -- -- {
  -- --  *  --  &  %  '  +  ◆  --  {
 2  ∃  η  °  ⊓  ~  Ä  Ü  ä  ü  --  --  --  ö  !  ^
 Ö  ß  `  §  ⋕  $  a  ◖  c  d  e  f  g  h  i  j
 k  l  m  n  o  p  q  r  s  t  u  v  w  x  y  z
    A  B  C  D  E  F  G  H  I  J  K  L  M  N  O
 P  Q  R  S  T  U  V  W  X  Y  Z  ∆  A  B  C  D
 E  F  G  H  I  J  K  L  M  N  O  P  Q  R  S  T
 U  V  W  X  Y  Z  ∆  0  1  2  3  4  5  6  7  8
 9  ~  ,  ⍀  --  _  ∇  ⍝  ⍺  ⍵  ∩  ∪  ⊂  ⊃  ⊃
 +  --  ×  ÷  ⍭  ○  ⍟  ⌈  ⌊  |  ∧  ∨  ⍦  ⍤  <  ≤
 =  ≥  >  ≠  ∼  !  ρ  ⍳  ∈  ⊥  ⊤  φ  ⍬  θ  /  ⌿
 \  ⍀  ⌸  ⍋  ψ  ,  ?  ↑  ↓  ←  □  ⍳  ⍕  ▼  ∘
 ⌈  ⌋  (  )  ;  :  '  ⍕
 
 ...    |   -- --
 ...  --  --  --  --  ⍦  ⍤  ⍦  |  ⌐  ⌐  --  ∟  ⌐
 (  )  +  --  }  --  ||  ⍬  --  |  §  +  --  --  --  θ
 1  2  3  4  5  6  7  8  9  ⌿  ⊤  --  ⊢  ⊥  ⌐
```

| *TIME STAMP* (□*TS*) |

Die Eingabe von □*TS* liefert einen Zahlenvektor mit sieben Elementen: Jahr, Monat, Tag, Stunde, Minute, Sekunde und Millisekunde.

```
      □TS
1985 30 7 16 04 12 34
```

| *WORKING AREA* (□*WA*) |

Working Area gibt die Anzahl freier Speicherstellen im aktuellen Arbeitsbereich an.

```
      □WA
496480
```

```
-------------------------
| LINE COUNTER (⎕LC) |
-------------------------
```

⎕LC enthält die aktuelle Zeilennummer aller in Ausführung befindlichen und
unterbrochenen Funktionen.

Beispiel:
```
              ∇PROGRAMM
        [1]   ⎕LC
        [2]   ⎕LC
        [3]   ⎕LC
        [4]   ∇

              PROGRAMM
        1
        2
        3
```

4.2 Systemfunktionen

Systemfunktionen dienen ebenso wie die Systemvariablen dazu, den Anwender
beim Arbeiten mit APL zu unterstützen. Die Funktionen lassen sich in zwei
Klassen einteilen: erstens in solche, die zur "Bearbeitung" selbstdefinier-
ter Funktionen und Variablen dienen und zweitens in Funktionen, die die
Steuerung gemeinsamer Variablen übernehmen. Gemeinsame Variablen (Shared
Variables) zeichnen sich dadurch aus, daß sie von mehreren Anwendern des
APL-Systems gleichzeitig benutzt werden können (zu einer detaillierteren
Darstellung von Shared Variables, vgl. POLIVKA/PAKIN 1975,S. 439 ff.). In
diesem Abschnitt werden nur die Funktionen der ersten Gruppe ausführlicher
behandelt.

```
--------------------------------------
| CANONICAL REPRESENTATION (⎕CR A) |
--------------------------------------
```

Eine selbstdefinierte Funktion wird mittels ⎕CR in eine Textmatrix trans-
formiert, die dann beliebig bearbeitet werden kann. Als Argument A muß der
Funktionsname in Form eines Textvektors übergeben werden.

Beispiel:
```
              ∇A HYPOTHENUSE B
        [1]   'LAENGE DER HYPOTHENUSE: '
        [2]   ((A*2)+B*2)*.5
        [3]   ∇
```

Dann kann die Neutralisierung der Funktion folgendermaßen erreicht
werden:

```
     T←[]CR 'HYPOTHENUSE'
     T
  A HYPOTHENUSE B
  'LAENGE DER HYPOTHENUSE:
  ((A*2)+B*2)*.5
     ρT
  3 26
```

Wie ρT zeigt, ist eine Matrix T mit drei Zeilen und 26 Spalten
entstanden, die jetzt mit allen für Textdaten definierten APL-
Funktionen und - Operatoren bearbeitet werden kann.

```
-----------------------------------
| FUNCTION ESTABLISHMENT ([]FX A) |
-----------------------------------
```

Diese Funktion ist die Umkehrfunktion zum Neutralisieren, d.h. mit ihrer
Hilfe wird eine Textmatrix A zur Funktion erhoben. Dabei wird die erste Zeile der Textmatrix als Kopfzeile interpretiert.

```
-----------------------
| NAME LIST (A []NL B) |
-----------------------
```

Die Systemfunktion []NL zeigt - monadisch oder dyadisch gebraucht - im Arbeitsbereich verwendete Namen an. Das rechte Argument spezifiziert die aus-
zugebenden Namen, nämlich eine 1 für Marken (Labels), eine 2 für Variablen
und eine 3 für Funktionen. Bei dyadischem Gebrauch können im linken Argument ein oder mehrere Zeichen als Zeichenkette übergeben werden. Es werden
dann nur die Namen ausgegeben, deren Anfangsbuchstabe im linken Argument enthalten ist.

```
---------------------------------
| NAME CLASSIFICATION ([]NC A) |
---------------------------------
```

Zur Feststellung, ob ein Name bereits im aktuellen Arbeitsbereich verwendet
wurde, wird der gesuchte Name als Argument dieser Systemfunktion übergeben.
Das Ergebnis lautet:

- 0   Name nicht verwendet
- 1   Name ist ein Label

- 2   Name ist eine Variable
- 3   Name ist eine Funktion
- 4   Name darf nicht verwendet werden.

| *EXPUNGE* (⎕*EX A*) |

Das Löschen von Variablen und Funktionen aus dem aktuellen Arbeitsbereich erfolgt durch ⎕*EX* und Übergabe der zu löschenden Größe.

| *DELAY* (⎕*DL A*) |

Mit Delay kann die Ausführung einer Funktion um A Sekunden verzögert werden.

4.3 Steuerbefehle

Steuerbefehle dienen der Verwaltung des aktiven Arbeitsbereiches und der auf externen Speichermedien befindlichen "Bibliotheken", die dem APL-Anwender zugänglich gemacht werden können. Sämtliche Steuerbefehle beginnen mit einer schließenden Klammer.

Nachdem sich der Anwender mit einem systemabhängigen Befehl in den APL-Bereich eingewählt hat, meldet sich das System mit CLEAR WS. Diese Meldung steht für "Clear Workspace" und besagt, daß dem Benutzer ein neuer leerer Arbeitsbereich zur Verfügung steht. Auf dieser Ebene kann der Anwender entweder im Definitions- oder im Ausführungsmodus mit dem System kommunizieren oder Befehle eingeben, die der Verwaltung von Arbeitsbereichen dienen. Es ist nicht möglich, mit den Ergebnissen von Steuerbefehlen im Ausführungs- oder Definitionsmodus weiterzuarbeiten.

| *LADEN* ( )*LOAD A*) |

Mit diesem Steuerbefehl kann unter Angabe eines Namens A eine Datei (i.a. ein früher abgespeicherter Arbeitsbereich) in den aktiven Arbeitsbereich geladen werden.

```
------------------------
| SICHERN ( )SAVE A) |
------------------------
```

Ein aktiver Arbeitsbereich kann durch)SAVE zur späteren Verwendung abgespeichert werden. A ist dabei der Name, unter dem der Arbeitsbereich wieder-
zufinden ist.

```
------------------------
| ENTFERNEN ( )DROP A) |
------------------------
```

Ein gespeicherter Arbeitsbereich A kann durch diesen Steuerbefehl wieder
entfernt werden. Nach Ausführung des Befehls sind sämtliche Variablen und
Funktionen dieses Arbeitsbereiches unwiderruflich gelöscht.

```
------------------------
| LOESCHEN ( )ERASE A) |
------------------------
```

Will man dagegen nicht den gesamten Arbeitsbereich löschen, sondern nur
einzelne Objekte (Variablen, Funktionen), so kann dies mit)ERASE geschehen,
wobei das Argument die zu löschenden Variablen und Funktionen enthält.

```
-----------------------------------
| FUNKTIONSNAMEN ANZEIGEN ( )FNS ) |
-----------------------------------
```

Mit diesem Steuerbefehl werden dem Benutzer die Namen aller Funktionen des
aktuellen Arbeitsbereiches angezeigt.

```
-------------------------------------
| VARIABLENNAMEN ANZEIGEN ( )VARS ) |
-------------------------------------
```

Entsprechend liefert)VARS die Anzeige aller Variablennamen. Im Gegensatz
zu []NL (vgl. Kapitel 4.2) werden hier nur alle globalen Variablen angezeigt.

| *ANZEIGEN ALLER ARBEITSBEREICHE ( )LIB)* |

Eine Übersicht über alle Arbeitsbereiche einer Bibliothek liefert)LIB. Dabei werden dem Benutzer nur die Arbeitsbereiche seiner Bibliothek angezeigt.
Auf alle diese kann er auch verändernd einwirken. Zusätzlich hat der Anwender einen Lesezugriff auf die Arbeitsbereiche öffentlicher Bibliotheken
(vgl. Abb. 15).

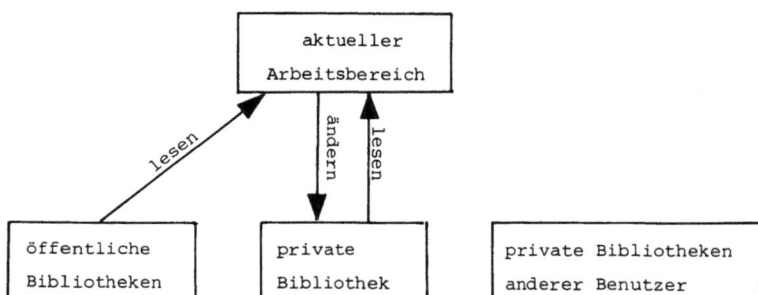

Abb. 15 : Zugriff vom.aktuellen Arbeitsbereich auf Bibliotheken

Abb. 15 zeigt außerdem, daß i.d.R. auf die Bibliotheken anderer Benutzer
kein Zugriff möglich ist. Öffentliche Bibliotheken werden zusätzlich durch
eine Ziffer hinter)LIB angesprochen,also z.B.)LIB 10 für die öffentliche
Bibliothek Nr.10.

| *KOPIEREN ( )COPY A)* |

Durch)COPY werden je nach Ausprägung des rechten Argumentes A Variablen
oder Funktionen aus einem anderen Arbeitsbereich (das Argument enthält dann
den Namen des Arbeitsbereiches und die Bezeichnungen der Variablen und Funktionen) in den aktuellen kopiert. Enthält A nur die Bezeichnung des anderen
Arbeitsbereichs, so werden sämtliche Objekte dieses Bereichs dem aktiven
Arbeitsbereich zur Verfügung gestellt.

```
-------------------------------------------
| ARBEITSBEREICHSBEZEICHNUNG ( )WSID A) |
-------------------------------------------
```

Nach Eingabe von)WSID wird die aktuelle Bezeichnung des aktiven Arbeitbe-
reichs ausgegeben. Will man den Namen ändern, so kann dies unter Angabe der
neuen Bezeichnung als rechtes Argument geschehen.

```
------------------------------------------------
| LOESCHEN DES ARBEITSBEREICHS ( )CLEAR ) |
------------------------------------------------
```

Durch)CLEAR wird der aktive Arbeitsbereich verlassen und dem Benutzer steht
damit ein neuer leerer Arbeitsbereich zur Verfügung. Der Arbeitsbereich, in
dem sich der Benutzer bisher befand, wird dabei auf dem Stand der letzten
Sicherung (vgl.)SAVE) abgespeichert.

```
---------------------------------------------------
| BEENDEN DER APL-SITZUNG ( )OFF BZW. )OFF HOLD ) |
---------------------------------------------------
```

Der Dialog mit dem APL-System wird durch)OFF vollständig beendet. Durch die
zusätzliche Angabe von HOLD kann erreicht werden, daß man nach Verlassen der
APL-Ebene auf Betriebssystemebene bleibt.

```
-----------------------------------------------------
| ANZEIGEN UNTERBROCHENER FUNKTIONEN ( )SI ) |
-----------------------------------------------------
```

Treten in einer selbstdefinierten Funktion Fehler auf, so unterbricht das
Programm die Ausführung an dieser Stelle. Durch den Steuerbefehl)SI werden alle "hängenden" Funktionen ausgegeben, d.h. die Funktionen, bei denen
eine Unterbrechung aufgetreten ist. Zusätzlich erscheint die Programmzeile ,
in der die Ausführung abgebrochen wurde. Diese Programme warten auf die Fort-
führung an dieser Stelle, was durch einen Pfeil nach rechts und Angabe der
Zeilennummer bewirkt werden kann. Soll das Programm nicht mehr bis zum Ende ab-
laufen, kann die Unterbrechung durch einen bloßen Pfeil nach rechts aufgehoben werden.

Eine Anhäufung unterbrochener Funktionen kann dazu führen, daß vom System
die Fehlermeldung STACK FULL ausgegeben wird, weil der zur Verfügung stehende Arbeitspuffer belegt ist. Ein weiterer Grund zur Auflösung unterbrochener
Funktionen besteht darin, den Wert lokaler Variablen zu löschen.

4.4 <u>Aufgaben</u>

1. Bitte kennzeichnen Sie bei den folgenden Anweisungen, ob es sich um eine
   Systemvariable (durch SV), eine Systemfunktion (SF) oder um einen Steuerbefehl (SB) handelt:

)*WSID* *A*   ____

)*FNS*   ____

   □*AV*   ____

   □*IO*   ____

   □*EX* *A*   ____

   □*RL*   ____

)*LIB*   ____

   □*NC* *A*   ____

)*DROP* *A*   ____

   □*LX*   ____

2. Sie wollen die folgenden Aktivitäten realisieren. Welche Anweisungen würden
   Sie dazu benutzen?

   ● Verwendung des aktuellen Datums und der
     Uhrzeit in einem Programm   _____

   ● Feststellen, wie die Belegung der Bezeichnung
     UMSATZ im aktuellen Arbeitsbereich ist   _____

   ● Erstellen einer Liste mit allen im Arbeits-
     bereich verwendeten Variablen   _____

   ● Beenden der APL-Sitzung und Verbleiben auf
     Betriebssystem-Ebene   _____

   ● Löschen der Variable ROHGEW

                                                   _____

   ● Transformation der Funktion CASHFLOW in
     eine Textmatrix   _____

   ● Ausgabe der Anzahl vakanter Speicherstellen
     im aktuellen Arbeitsbereich   _____

   ● Liste aller Arbeitsbereiche

                                                   _____

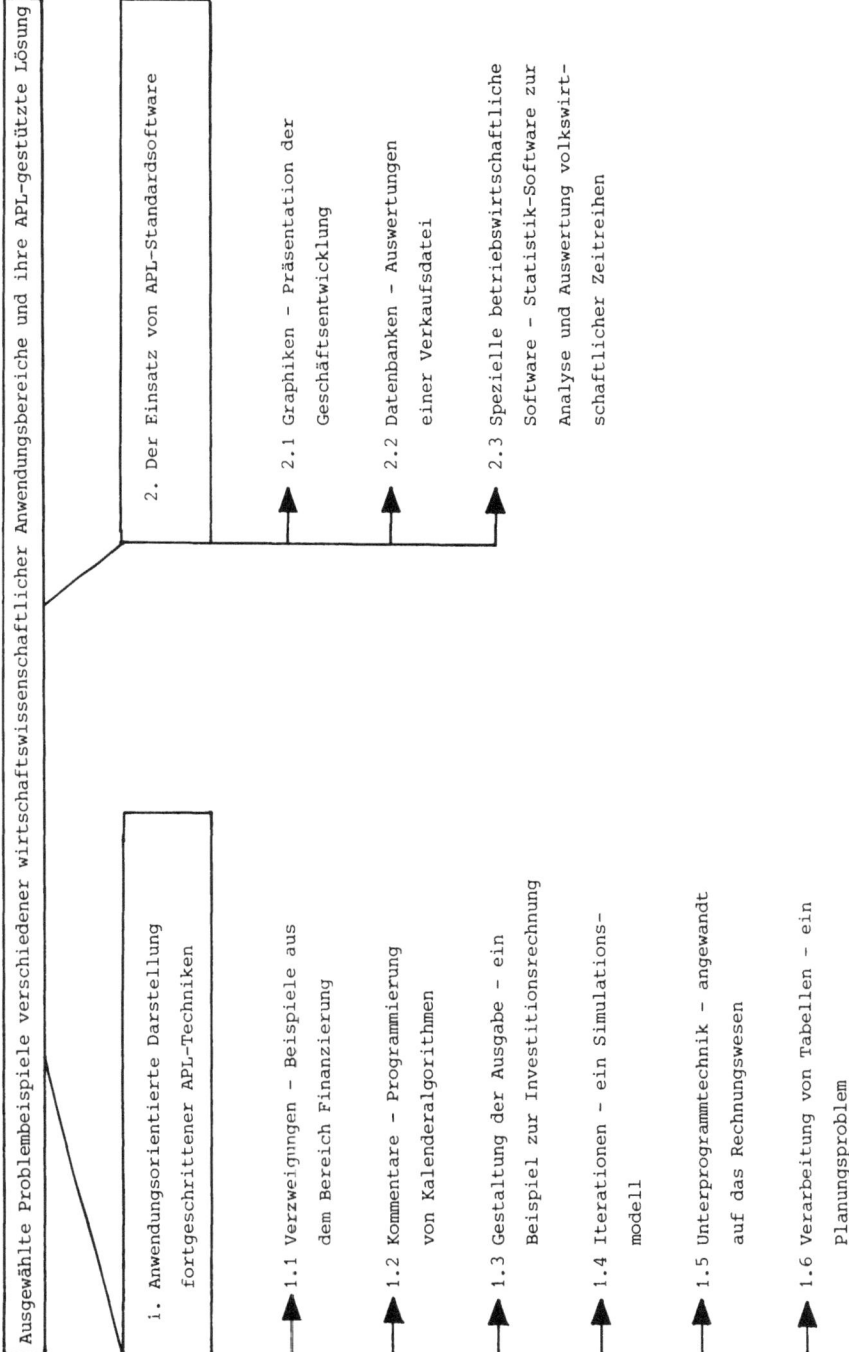

Ausgewählte Problembeispiele verschiedener wirtschaftswissenschaftlicher Anwendungsbereiche und ihre APL-gestützte Lösung

2. Der Einsatz von APL-Standardsoftware

2.1 Graphiken – Präsentation der Geschäftsentwicklung

2.2 Datenbanken – Auswertungen einer Verkaufsdatei

2.3 Spezielle betriebswirtschaftliche Software – Statistik-Software zur Analyse und Auswertung volkswirtschaftlicher Zeitreihen

1. Anwendungsorientierte Darstellung fortgeschrittener APL-Techniken

1.1 Verzweigungen – Beispiele aus dem Bereich Finanzierung

1.2 Kommentare – Programmierung von Kalenderalgorithmen

1.3 Gestaltung der Ausgabe – ein Beispiel zur Investitionsrechnung

1.4 Iterationen – ein Simulationsmodell

1.5 Unterprogrammtechnik – angewandt auf das Rechnungswesen

1.6 Verarbeitung von Tabellen – ein Planungsproblem

Teil 4
Ausgewählte Problembeispiele verschiedener wirtschaftswissenschaftlicher Anwendungsbereiche und ihre APL-gestützte Lösung

1. Anwendungsorientierte Darstellung fortgeschrittener APL-Techniken

Die Lösung komplexer Probleme verlangt häufig auch in APL fortgeschrittene Programmiertechniken. Dabei sind Grundkenntnisse über die sechs wichtigsten Techniken

- Verzweigungen,
- Kommentare (Dokumentation),
- Ausgabegestaltung,
- Iterationen,
- Unterprogrammtechnik und
- Tabellenverarbeitung

für jeden APL-Anwender unerläßlich. Daher werden in jedem der folgenden Abschnitte zunächst die Grundlagen der jeweiligen Programmiertechnik erläutert. Diese stellen aber nur in den seltensten, praktisch zu lösenden Fällen die effizienteste APL-gestützte Lösung für das behandelte Problem dar. Um dem fortgeschrittenen APL-Anwender hier eine Hilfestellung für weitere, höhere Programmiertechniken in bestimmten Problemsituationen zu geben, werden die einzelnen Techniken ausführlich anhand praktischer Fälle aus dem Bereich der Wirtschaftswissenschaften verdeutlicht.

1.1 Verzweigungen - Beispiele aus dem Bereich Finanzierung

1.1.1 Grundlagen

a) Einführung

Innerhalb definierter Funktionen tritt häufig der Fall auf, daß je nach konkreter Problem-/Datenkonstellation die Anweisungen in unterschiedlicher Reihenfolge durchlaufen werden sollen. Um die Reihenfolge bei der Ausführung von Anweisungen steuern zu können, werden Verzweigungen benutzt. Mit den bisher beschriebenen Elementen der APL-Sprache war es nur möglich, eine Funktion sequentiell, d.h. von der ersten Anweisung bis zur letzten, zu durchlaufen.

b) Allgemeine Syntax von Verzweigungen

Die APL-Syntax für eine Verzweigung lautet:

→*AUSDRUCK*

Dabei kann aufgrund der Mächtigkeit von APL die konkrete Gestalt des Ausdruk-
kes äußerst vielfältig sein. Damit die Programmausführung verzweigt, muß nach
Auswertung des Ausdrucks eine Zahl übrig bleiben. Diese Zahl bezeichnet dabei
die Zeile, zu der das Programm verzweigen soll. Zur leichteren Lesbarkeit von
Programmen kann eine Zeile auch durch eine Marke spezifiziert werden. Eine
Marke ist eine APL-Variable, die eine Zeile innerhalb von selbstdefinierten
Funktionen bezeichnet. Die Syntax bei Verwendung einer Marke lautet:

[*ZEILENNUMMER*] *MARKE*:

Dabei gelten für den Namen der Marke die gleichen Konventionen wie für Funk-
tions- und Variablennamen (vgl. S. 17 und 69). Nach Auswertung des Ausdrucks
(entsprechend der Rechts-Links-Regel) verzweigt das Programm zu der Zeile, in
der sich die Marke befindet bzw. zu der Zeile mit der Zeilennummer, die sich
nach Auswertung des Ausdrucks als Ergebnis zeigt.

c) Die bedingte Verzweigung

Bei der bedingten Verzweigung enthält der Ausdruck eine Bedingung, d.h. die
Verzweigung wird nur dann durchgeführt, wenn die betreffende Bedingung erfüllt ist.

Beispiel: Es soll ein Programm erstellt werden, mit dem sich ein Girokonto
          überwachen läßt. Dazu wird der alte Kontostand sowie die Kontobe-
          wegung benötigt. Wenn der Kontostand negativ wird, ist das Konto
          überzogen und eine entsprechende Meldung auszugeben. In jedem Fall
          ist aber der neue Kontostand auszudrucken. Mit Hilfe eines Strukto-
          gramms läßt sich das Problem folgendermaßen darstellen:

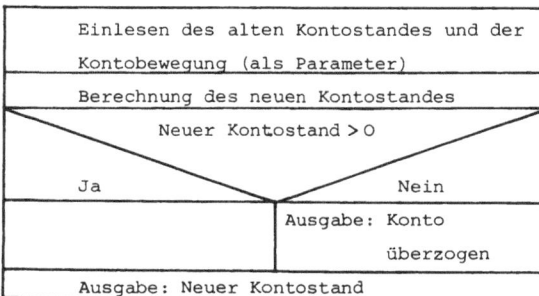

Einlesen des alten Kontostandes und der Kontobewegung (als Parameter)		
Berechnung des neuen Kontostandes		
Neuer Kontostand > 0		
Ja		Nein
	Ausgabe: Konto überzogen	
Ausgabe: Neuer Kontostand		

Die APL-Problemlösung bei Verzweigung zu einer Marke lautet:

```
        ∇Y GIRO X;N
[1]     N←Y+X
[2]     →(N≥0)/AUS
[3]     □←'BITTE KONTO AUFFUELLEN !'
[4]     AUS:□←'KONTOSTAND = ',⍕N
[5]     ∇
```

Der Programmaufruf und -ablauf sieht für verschiedene Eingabedaten wie folgt
aus:

```
        1000 GIRO 500
KONTOSTAND = 1500

         500 GIRO ¯700
BITTE KONTO AUFFUELLEN !
KONTOSTAND = ¯200
```

Anstatt zu einer Marke kann die Verzweigung auch zur entsprechenden Zeilennummer direkt durchgeführt werden:

```
        ∇Y GIRO X;N
[1]     N←Y+X
[2]     →(N≥0)/4
[3]     □←'BITTE KONTO AUFFUELLEN !'
[4]     □←'KONTOSTAND = ',⍕N
[5]     ∇
```

Hinweis: Bei der Verwendung von Zeilennummern anstelle von Marken besteht
         die Gefahr, daß bei Programmänderungen (z.B. Einschub neuer Pro-
         grammzeilen) zur falschen Zeile verzweigt wird.

d) Die unbedingte Verzweigung

Enthält der Ausdruck in der allgemein formulierten Verzweigungsanweisung keine Bedingung, so handelt es sich um eine unbedingte Verzweigung. Das Programm fährt in jedem Falle bei der Programmzeile, die durch die Verzweigungsanweisung spezifiziert wird, mit der Ausführung fort.

Beispiel: Das oben beschriebene Programm soll jetzt derart abgeändert werden,
         daß auch bei positivem Kontostand eine Meldung in der Art "Sie ha-
         ben ein Guthaben" erfolgt. Das dem so abgeänderten Beispiel zuge-
         hörige Struktogramm hat folgendes Aussehen:

Einlesen des alten Kontostandes und der Konto-bewegung (als Parameter)	
Berechnung des neuen Kontostandes	
Neuer Kontostand ≥ 0	
Ja	Nein
Ausgabe: Sie haben ein Guthaben	Ausgabe: Konto auf-füllen
Ausgabe: Neuer Kontostand	

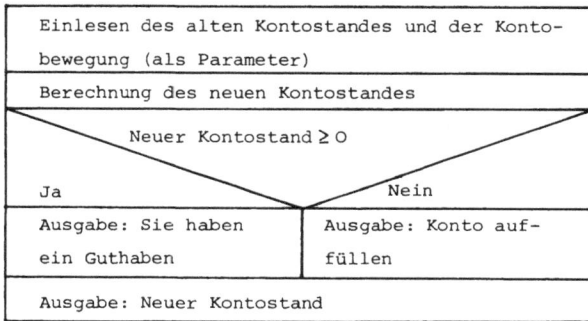

APL-Problemlösung:

```
        ∇Y GIRO X;N
[1]     N←Y+X
[2]     →(N≥0)/M1
[3]     □←'BITTE KONTO AUFFUELLEN !'
[4]     →M2
[5]   M1:□←'SIE HABEN EIN GUTHABEN !'
[6]   M2:□←'KONTOSTAND =',⍕N
[7]     ∇
```

Auch bei der unbedingten Verzweigung kann die Zeile, zu der der Sprung erfolgen soll, entweder durch eine Marke oder durch die Zeilennummer spezifiziert werden:

```
        ∇Y GIRO X;N
[1]     N←Y+X
[2]     →(N≥0)/5
[3]     □←'BITTE KONTO AUFFUELLEN !'
[4]     →6
[5]     □←'SIE HABEN EIN GUTHABEN !'
[6]     □←'KONTOSTAND = ',⍕N
[7]     ∇
```

Beispiele für einen Programmaufruf:

```
        500 GIRO 400
    SIE HABEN EIN GUTHABEN !
    KONTOSTAND =  900

        ¯200 GIRO 150
    BITTE KONTO AUFFUELLEN !
    KONTOSTAND =  ¯50
```

e) Beenden des Programmes durch Verzweigungen

Häufig ist es in definierten Funktionen erwünscht, das Programm an einer be-

stimmten Stelle - eventuell unter Prüfung einer Bedingung - zu verlassen.
Modifiziert man das o.g. Beispiel geringfügig, so daß die Ausgabe des neuen
Kontostandes vor der Prüfung, ob das Konto überzogen ist oder nicht, erfolgt,
so ergibt sich folgender logischer Ablauf:

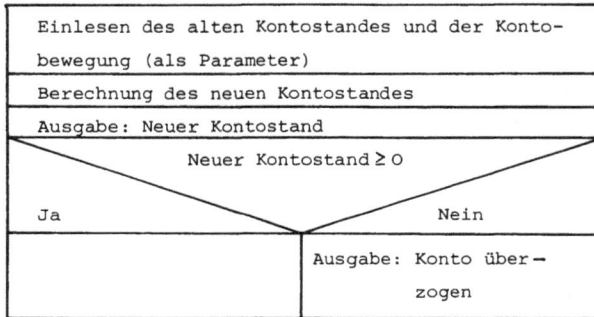

Einlesen des alten Kontostandes und der Konto-bewegung (als Parameter)	
Berechnung des neuen Kontostandes	
Ausgabe: Neuer Kontostand	
Neuer Kontostand ≥ 0	
Ja	Nein
	Ausgabe: Konto über-zogen

APL-Problemlösung zu diesem Struktogramm:

```
       ∇Y GIRO X;N
[1]    N←Y+X
[2]    □←'KONTOSTAND = ',⍕N
[3]    →(N≥0)/0
[4]    □←'BITTE KONTO AUFFUELLEN !'
[5]    ∇
```

Die Verzweigung zur Zeile 0 (Programmzeile 3) bedeutet, daß das Programm verlassen wird, wenn die Bedingung erfüllt ist, also der neue Kontostand größer
gleich Null ist. Anstelle der Zeile 0 kann jede andere Zeilennummer gewählt
werden, die nicht mit Programmzeilen belegt ist (also in diesem Beispiel 5,
6,7 usw.). Eine weitere Möglichkeit besteht darin, nur den Verzweigungspfeil
ohne jede weitere Angabe zu benutzen.

Hinweis: Eine häufige Fehlerquelle bei Verzweigungen aus dem Programm heraus
ist bei Funktionen mit explizitem Ergebnis (vgl. Teil 3, Abschnitt
3.2) zu beobachten. Bei der Verwendung von mehreren Programmaus-
trittsmöglichkeiten muß darauf geachtet werden, daß bei jeder dieser
Möglichkeiten dem expliziten Ergebnis bereits ein Wert zugewiesen
wurde.

1.1.2 Fortgeschrittene Verzweigungstechniken

a) Mehrfachverzweigung

Treten in einer definierten Funktion mehrere bedingte Verzweigungen auf, so

ist es u.U. möglich, diese Anweisungen in einer Programmzeile zusammenzu-
fassen. Eine grundlegende Technik wird in diesem Zusammenhang mit Hilfe des
Reduktionsoperators (vgl. Teil 2, Abschnitt 3.2.7) realisiert. Die allgemeine
Syntax dieser Technik zur Mehrfachverzweigung lautet:

$$\rightarrow(BEDINGUNGEN)/ZIELZEILEN$$

Dabei stellt der rechte Teil des Ausdrucks (Zielzeilen) einen Vektor von Programmzeilen dar, die entweder durch Angabe der Zeilennummer oder durch eine
Marke spezifiziert werden können. Der linke Teil (Bedingungen) ist ein Ausdruck, nach dessen Auswertung ein Boole'scher Vektor mit gleicher Dimension
wie der rechte Teil übrigbleibt.

Beispiel: Die Anlage liquider Mittel soll von deren Höhe abhängig gemacht
werden. Dabei ist der Entscheidung die folgende Tabelle zugrunde
zu legen:

Betrag (X)	Anlage
$0 \geq X$	KEINE ANLAGE MÖGLICH
$0 < X < 10.000$	KASSE
$10.000 \leq X < 100.000$	BANK
$100.000 \geq X$	WERTPAPIERE

Das zugehörige Struktogramm mit Mehrfachverzweigung hat folgendes Aussehen:

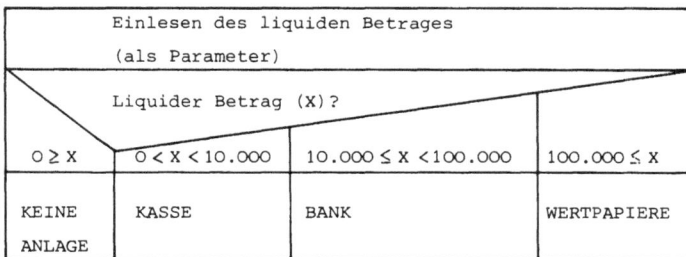

Einlesen des liquiden Betrages (als Parameter)			
Liquider Betrag (X)?			
$0 \geq X$	$0 < X < 10.000$	$10.000 \leq X < 100.000$	$100.000 \leq X$
KEINE ANLAGE	KASSE	BANK	WERTPAPIERE

Das APL-Programm lautet dann:

```
      ∇ANLAGE X
[1]   →(((0<X)∧X<10000),((10000≤X)∧X<100000),100000≤X)/M1,M2,M3
[2]   □←'KEINE ANLAGE MOEGLICH !'
[3]   →0
[4]   M1:□←'BETRAG IN KASSE LASSEN !'
[5]   →0
[6]   M2:□←'ANLAGE AUF BANKKONTO IN DER HOEHE VON ',⍕X
[7]   →0
[8]   M3:□←'ANLAGE IN WERTPAPIEREN IN DER HOEHE VON ',⍕X
[9]   ∇
```

Mit einfachen bedingten Verzweigungen läßt sich das Problem wie folgt lösen:

```
      ∇ANLAGE X
[1]    →(0≤X)/M1
[2]    □←'KEINE ANLAGE MOEGLICH !'
[3]    →0
[4]    M1:→(X≥10000)/M2
[5]    □←'BETRAG IN KASSE LASSEN !'
[6]    →0
[7]    M2:→(X≥100000)/M3
[8]    □←'ANLAGE AUF BANKKONTO IN DER HOEHE VON ',⍕X
[9]    →0
[10]   M3:□←'ANLAGE IN WERTPAPIEREN IN DER HOEHE VON ',⍕X
[11]   ∇
```

Die mehrfache bedingte Verzweigung verkürzt das Programm in diesem einfachen Fall also um zwei Programmzeilen. Die Anweisung, welche die Mehrfachverzweigung enthält, soll noch näher betrachtet werden. Für den Fall X = 50 ergibt sich etwa:

→(((0<50)∧(50≤10000)),((10000≤50)∧(50<100000)),100000≤50)/M1,M2,M3

Wertet man den Ausdruck aus, so ergibt sich:

→(((1)∧(1)),((0)∧(1)),0)/4,6,8

→((1),(0),0)/4,6,8

→1 0 0/4 6 8

→4

Das Programm verzweigt somit zur Programmzeile 4, d.h. der Betrag soll in der Kasse behalten werden.

Hinweis: Bleibt nach Auswertung einer Verzweigungsanweisung ein Vektor als Zielzeile übrig, so fährt das Programm mit der Zeile fort, die im ersten Element des Vektors steht.

Beispiel: Eine Geldanlage auf zwei vorhandenen Girokonten ist zum einen von der Höhe der liquiden Mittel und zum anderen vom alten Kontostand abhängig. Es gilt dabei ferner:

   - Zunächst wird - unabhängig von den liquiden Mitteln - das Konto mit negativem Kontostand aufgefüllt.

   - Sind beide Konten im Minus, so wird die Anlage auf Konto 2 getätigt.

   - Befindet sich keines der beiden Konten im Minus, werden Geldanlagen über 10.000,- DM auf Konto 1 überwiesen.

- Ist die zur Verfügung stehende Summe an liquiden Mitteln negativ,
findet keine Anlage statt.

```
      ∇Y ANLAGE X
[1]   →(X<0)/M0
[2]   →(0>ΦY)/M2,M1
[3]   →(X<10000)/M2
[4]   M1:□←'KONTO 1 = ',∓Y[1]+X
[5]      □←'KONTO 2 = ',∓Y[2]
[6]   →0
[7]   M2:□←'KONTO 1 = ',∓Y[1]
[8]      □←'KONTO 2 = ',∓Y[2]+X
[9]   →0
[10]  M0:□←'KONTO 1 = ',∓Y[1]
[11]     □←'KONTO 2 = ',∓Y[2]
[12]  ∇
```

Beispielhafte Programmabläufe:

```
         1000 1000 ANLAGE 12000
KONTO 1 =    13000
KONTO 2 =    1000

         ¯1000 2000 ANLAGE 5000
KONTO 1 =    4000
KONTO 2 =    2000

         ¯1000 ¯2000 ANLAGE 15000
KONTO 1 =    ¯1000
KONTO 2 =    13000
```

b) Pseudoverzweigungen

Ein großer Vorteil von APL liegt darin begründet, daß Verzweigungen häufig
durch andere Operationen ersetzt werden können, was zu kürzeren und schnel-
leren Programmen führt. Möglichkeiten, die logische Struktur von Verzweigungen ohne Steuerung des Programmablaufes zu berücksichtigen, sollen im folgenden Pseudoverzweigungen genannt werden. Diese enthalten sowohl die Bedingung
als auch sämtliche Folgebefehle in einer Anweisung. Die bisher vorgestellten
Verzweigungstechniken dagegen enthielten in der eigentlichen Verzweigungsanweisung nur die Bedingung(en) und einen Sprungbefehl.
Zwei häufig verwendete Techniken in diesem Zusammenhang werden mit logischen
und/oder vergleichenden Funktionen (vgl. Teil 2, Abschnitt 3.2.2) sowie mit
Hilfe der Aktivierungsfunktion (vgl. Teil 2, Abschnitt 3.2.6) realisiert.
Beispiel: Zur Beurteilung von Investitionen sollen jährliche Zahlungen auf
          einen variablen Planungszeitraum aufgezinst werden können. Alle

positiven jährlichen Nettozahlungen werden mit einem Habenzinssatz
und alle negativen jährlichen Nettozahlungen mit einem Sollzinssatz
auf das Ende des Planungszeitraumes bezogen. Die Logik des Problems
läßt sich folgendermaßen darstellen:

Ablauflogisch enthält das Programm eine Verzweigung, was zu dem folgenden
herkömmlichen Programm führen würde, wobei X die zu beurteilende Zahlung,
$Y[1]$ den Habenzinssatz, $Y[2]$ den Sollzinssatz, $Y[3]$ den Planungszeitraum
und E den Endwert der Zahlung bezeichnen.

```
      ∇Y AUFZINS X;E
[1]   →(X≤0)ρM1
[2]   E←X×(1+0.01×Y[1])*Y[3]
[3]   →AUS
[4]   M1:E←X×(1+0.01×Y[2])*Y[3]
[5]   AUS:□←'WERT DER ZAHLUNG AM ENDE DES PLANUNGSHORIZONTES : ',⍕E
[6]   ∇
```

Die beiden Folgeanweisungen der Bedingung - also Zeile 2 und 4 - unterscheiden sich nur geringfügig, nämlich lediglich im Zinssatz ($Y[1]$ oder $Y[2]$).
Dies impliziert als APL-Problemlösung, nur diese Größe von der Bedingung abhängig zu machen, also

$$(Y[1]×X>0)+Y[2]×X≤0$$

Ist die Zahlung (X) größer Null, so ist nur der linke Teil des Ausdrucks relevant und das Ergebnis $Y[1]$. Wenn dagegen X kleiner gleich Null ist, so erhält man $Y[2]$ als Ergebnis. Das Problem läßt sich somit viel kürzer lösen
durch:

```
      ∇Y AUFZINS X;E
[1]   E←X×(1+0.01×(Y[1]×X>0)+Y[2]×X≤0)*Y[3]
[2]   □←'WERT DER ZAHLUNG AM ENDE DES PLANUNGSHORIZONTES : ',⍕E
[3]   ∇
```

Hinweis: Im allgemeinen ist es bei dieser Art der Pseudoverzweigung notwendig,
die Bedingungen, die durch logische und/oder vergleichende Funktionen
formuliert werden, so festzulegen, daß sie zueinander komplementär
sind, d.h. jede beliebige Datenkonstellation erfüllt genau eine der
beiden Bedingungen. Bei der "normalen" Verzweigung genügt dagegen
die Überprüfung einer Bedingung (vgl. die beiden obigen Programme
zu diesem Problem).

Natürlich kann es u.U. auch notwendig sein, mehrere Bedingungen oder auch
nicht komplementäre Bedingungen zu formulieren.

Beispiel: Das oben beschriebene Problem soll derart abgeändert werden, daß
Nettozahlungen, deren absoluter Betrag kleiner 100 ist, nicht auf-
gezinst werden sollen, da sie in die Handkasse wandern bzw. dort
entnommen werden können. Ihr Endwert soll Null betragen.

```
      ∇Y AUFZINS X;E
[1]   E←X×(1+0.01×(Y[1]×X>100)+Y[2]×X<-100)*Y[3]
[2]   □←'WERT DER ZAHLUNG AM ENDE DES PLANUNGSHORIZONTES : ',⍕E
[3]   ∇
```

Eine weitere Technik zur Realisierung von Pseudoverzweigungen weist folgenden
allgemeinen Aufbau auf, wenn eine Bedingung überprüft werden soll:

   ⍎ *VEKTOR*[1 + *BEDINGUNG*] ↑ '*ZEICHENKETTE*'

Die Zeichenkette enthält einen auswertbaren Ausdruck. Je nach Ergebnis der
Bedingungsprüfung werden Teile der Zeichenkette aktiviert, also ausgeführt.

Beispiel: Die Aufzinsung von Zahlungen soll dahingehend geändert werden, daß
sich der Haben- und der Sollzinssatz um 10 Prozent erhöhen soll,
wenn der absolute Betrag der Nettozahlung größer gleich 10.000 ist.
Die bisherige Problemlösung muß vor der Aufzinsung eine Bestimmung
des anzuwendenden Zinssatzes erhalten.

```
      ∇Y AUFZINS X;E
[1]   ⍎ 3 ¯7[1+10000≤|X]↑'Y←Y  Y←Y×1.1'
[2]   E←X×(1+0.01×(Y[1]×X>0)+Y[2]×X≤0)*Y[3]
[3]   □←'WERT DER ZAHLUNG AM ENDE DES PLANUNGSHORIZONTES : ',⍕E
[4]   ∇
```

Für den Fall X = ‾20000 soll die Arbeitsweise dieser Technik kurz erläutert
werden. Aus

$$±3 \quad ‾7[1+10000≤|‾20000]↑'Y←Y \quad Y←Y×1.1'$$
folgt

$$±3 \quad ‾7[1+1]↑'Y←Y \quad Y←Y×1.1'$$

$$±‾7↑'Y←Y \quad Y←Y×1.1'$$

$$±'Y←Y×1.1'$$

$$Y←Y×1.1$$

womit sich Soll- und Habenzinssatz um 10 Prozent erhöhen.

Hinweis: Die in diesem Abschnitt beschriebenen Pseudoverzweigungstechniken
lassen sich vor allem dann effizient einsetzen, wenn eine Bedingungsprüfung Rechenoperationen als Folgerungen aufweist, die im Aufbau
ähnlich sind.

1.2 Kommentare - Programmierung von Kalenderalgorithmen

a) Einführung

Die Erweiterung der APL-Funktionen/-Operatoren zu selbstdefinierten Funktionen soll vor allem ermöglichen, häufig auftretende Probleme durch einen allgemeinen Algorithmus lösen zu können. Ein Algorithmus ist dabei definiert
als eine endliche Folge von Anweisungen, die für eine bestimmte Problemklasse
und jede mögliche Datenkonstellation eine Lösung erzeugt (vgl. SCHMITZ/SEIBT
1985, S. 16). Je komplexer und länger die Funktion ist, umso notwendiger
werden Erklärungen zu den einzelnen Anweisungen. Ein Grund dafür ist, daß
der Programmersteller häufig bereits nach wenigen Wochen Aspekte, die bei
der Programmerstellung wesentlich waren, vergessen hat und daher "sein" Programm nicht mehr versteht. Ein weiterer Grund besteht darin, daß komplexere
Algorithmen oft für mehrere Benutzer zugänglich gemacht werden sollen und
die neuen Benutzer eventuell geringfügige individuelle Anpassungsmaßnahmen
an den Programmen durchführen wollen.
Sämtliche Aktivitäten, die über die eigentliche Programmierung hinausgehen
und den Zweck verfolgen, das Programm(system) zu erklären, werden als Dokumentation bezeichnet. In den bisherigen Abschnitten des Buches geschah dies
mit Hilfe von Struktogrammen und Programmablaufplänen (vgl. Teil 3, Abschnitt
1.2) sowie durch verbale Erläuterungen der Programme im laufenden Text.

b) Benutzung von Kommentaren

Eine weitere wichtige Möglichkeit der Dokumentation stellen <u>Kommentare</u> innerhalb von Programmen dar. Kommentare sind Anweisungszeilen einer definierten
Funktion, die bei der Ausführung des Programms nicht ausgewertet werden, sondern nur zu seiner Erläuterung dienen. In APL sind Kommentarzeilen gekennzeichnet durch das Zeichen ⋀, welches bei den meisten APL-Versionen als erstes
Zeichen in einer Anweisungszeile stehen muß.

<u>Beispiel</u>: Eine APL-Funktion soll überprüfen, ob ein bestimmtes Jahr ein Schalt-
jahr ist oder nicht:

$$\nabla R \leftarrow SCHJ \; X$$
```
[1]    R←0≠.= 4 100 400 ∘.| ,X
[2]    ∇
```

Diese einzeilige APL-Funktion erhält als explizites Ergebnis R eine
1, wenn das zu prüfende Jahr X kein Schaltjahr ist, und eine 0 sonst.

Der Zweck dieser kurzen APL-Funktion ist ohne die eben gemachten Erläuterungen
kaum ersichtlich. Aus diesem Grund ist es sinnvoll, die wichtigsten Informationen einer Funktion als Kommentare in einem sog. <u>Programmkopf</u> festzuhalten:

$$\nabla R \leftarrow SCHJ \; X$$
```
[1]    ⋀ PARAMETER: X = JAHR
[2]    ⋀ FUNKTION:  FESTSTELLUNG, OB X SCHALTJAHRE SIND
[3]    ⋀ EXPLIZITES ERGEBNIS: R = 1 FUER JA ; 0 FUER NEIN
[4]    ⋀ VERSION: 13.06.85
[5]    R←0≠.= 4 100 400 ∘.| ,X
[6]    ∇
```

Die Gestaltung des Programmkopfes sollte nach einem einheitlichen Schema erfolgen, wofür folgende Punkte sprechen:
- schnelleres Anfertigen eines Programmkopfes durch Kopieren von Zeilen
  aus anderen Programmen,
- schnelleres Aufnehmen des Programminhaltes durch bekannte Struktur des
  Kopfes,
- geringere Fehleranfälligkeit und
- Gewähr für Vollständigkeit.

Die im Beispiel angeführten Bestandteile des Kopfes (Funktion, Parameter, Explizites Ergebnis, Version) stellen dabei nur einen Minimalkatalog dar. Weitere Erklärungen betreffen verwendete Programme, das zugehörige Programmsystem
oder Beschreibung der Variablen, die im Programm verwendet werden.

Hinweis: Aus optischen Gründen kann der Programmkopf noch durch Trennzeichen
         abgehoben werden:

```
      ∇R←SCHJ X
[1]   ⍝ ********************************************************
[2]   ⍝ * PARAMETER: X = JAHR                                 *
[3]   ⍝ * FUNKTION:  FESTSTELLUNG, OB X SCHALTJAHRE SIND      *
[4]   ⍝ * EXPLIZITES ERGEBNIS: R = 1 FUER JA ; 0 FUER NEIN    *
[5]   ⍝ * VERSION: 13.06.85                                   *
[6]   ⍝ ********************************************************
[7]   R←0≠.= 4 100 400 ∘.|,X
[8]   ∇
```

Eine zweite Anwendung für Kommentare ist innerhalb des eigentlichen Anwei-
sungsteils gegeben. Hierdurch sollen schwierige APL-Ausdrücke oder logische
Teilabschnitte im Programm erklärt werden.

Beispiel: Ein Programm ermittelt für ein beliebiges Jahr sämtliche Wochen-
          tage. Es wird somit ein Vektor mit 365 (bei einem Schaltjahr 366)
          Elementen erzeugt, der - beginnend mit dem 1. Januar - eine Eins
          für Montage, eine Zwei für Dienstage usw. enthält. Bei der Lösung
          des Problems wird zunächst der Wochentag des 1. Januars des betref-
          fenden Kalenderjahres ermittelt. Darauf aufbauend erzeugt das Pro-
          gramm den gesamten Jahreskalender:

```
      ∇R←TAGK X;B;JD;SJ
[1]   SJ←0≠.= 4 100 400 |X
[2]   B←1+7|JD←1721411+⌊365.25×X-1
[3]   R←(365+SJ)ρ(B-1)↓372ρ⍳7
[4]   ∇
```

In dieser Form bleibt der Algorithmus schlecht einsehbar. Das kommentierte
Programm wird wie folgt gestaltet.

```
      ∇R←TAGK X;B;JD;SJ
[1]   ⍝ ********************************************************
[2]   ⍝ * PARAMETER : X = JAHR                                *
[4]   ⍝ * FUNKTIONEN: BESTIMMUNG DER WOCHENTAGE FUER EIN JAHR *
[5]   ⍝ * EXPLIZITES ERGEBNIS: WOCHENTAGE;1=MONTAG,2=DIENSTAG USW. *
[6]   ⍝ * VERSION    : 17.07.85                               *
[7]   ⍝ ********************************************************
[8]   ⍝ FESTSTELLUNG, OB DAS BETRACHTETE JAHR SCHALTJAHR IST
[9]   SJ←0≠.= 4 100 400 |X
[10]  ⍝ ERMITTLUNG DES JULIANISCHEN TAGES FUER DEN 1. JANUAR (JD)
[11]  ⍝ UND BESTIMMUNG DES WOCHENTAGES DES 1. JANUARS
[12]  B←1+7|JD←1721411+⌊365.25×X-1
[13]  ⍝ ERZEUGUNG EINES JAHRESKALENDERS (R)
[14]  R←(365+SJ)ρ(B-1)↓372ρ⍳7
[15]  ∇
```

Der Vorteil der Verwendung von Kommentaren besteht vor allem darin, daß Anweisungen und Erklärungen (Kommentare) zusammenstehen. Eine "gute" Dokumentation wird neben kommentierten Programmen auch Struktogramme bzw. Programmablaufpläne enthalten. Denn gerade APL als kurze, präzise Formulierungstechnik verführt dazu, ein Problem ad hoc zu lösen und es dann wieder zu vergessen. Der größte Teil dieser Probleme tritt aber nach mehr oder weniger kurzer Zeit erneut auf. Somit macht sich der geringe Mehraufwand schnell bezahlt, weil oft der Programmieraufwand für eine erneute Problemlösung entfällt.

1.3 Gestaltung der Ausgabe - ein Beispiel zur Investitionsrechnung

Für den Endnachfrager einer DV-gestützten Problemlösung ist die Form, in der die Verarbeitungsergebnisse aufbereitet und dargestellt werden, von hoher Relevanz. Es sollte dabei vor allem darauf geachtet werden, daß die numerischen Ergebnisse strukturiert und kommentiert ausgegeben werden, um "Zahlenfriedhöfe" zu vermeiden.

1.3.1 Problemstellung und Problemlösung

Die BENZOL AG befaßt sich mit der Herstellung von organischen Chemikalien. Zur Deckung des benötigten Raum- und Prozeßwärmebedarfs wird die Anschaffung einer neuen Wärmeerzeugungsanlage als zwingend notwendig erachtet. Unklar ist dagegen, mit welcher Primärenergie (Alternativen: Kohle, Öl oder Gas) diese betrieben werden soll.

Folgende Daten sind für die 3 Alternativen erhoben worden:

	KOHLE	ÖL	GAS
Anschaffungspreis in DM	7500000	5200000	5500000
Heizwert der Primärenergie in KWh pro Einheit	8.68	11.20	11.07
Primärenergiepreis in DM pro Einheit	0.20	0.35	0.34
Jährliche Preissteigerungsrate (Energie) in %	5	10	10
Anzahl benötigter Heizer im Kesselhaus	5	3	3

Die jährlichen Energiekosten berechnen sich nach den folgenden Gleichungen:

$$JV = WB/HW$$

$$ENKOS = JV \times PEP$$

mit   JV = Jährlicher Verbrauch der Primärenergie

WB = Jährlicher Wärmebedarf in KWh

HW = Heizwert der Primärenergie in KWh je Einheit

ENKOS = Jährliche Energiekosten in DM

PEP = Primärenergiepreis in DM pro Einheit

Der jährliche Wärmebedarf der BENZOL AG beträgt 115 Mio. KWh. In die Ermittlung der Energiekosten sollen auch die Primärenergiepreissteigerungsraten einfließen. Die Personalkosten betragen für jeden benötigten Heizer 35.000,- DM im Jahr. Bei ihrer Berechnung soll eine jährliche Lohnsteigerungsrate von 5% Berücksichtigung finden.

Die Bewertung der Alternativen wird anhand eines Investitionsrechnungsverfahrens vorgenommen, mit dessen Hilfe monetäre Maßstäbe zur Beurteilung der Vorteilhaftigkeit alternativer Investitionsobjekte ermittelt werden können. Als Verfahren wird hier die Barwertmethode verwendet, bei der die Gesamtausgabenreihe mit Hilfe eines Kalkulationszinsfußes (dieser beträgt bei der BENZOL AG 9%) auf den Gegenwartswert umgerechnet wird.

Die Problemlösung hat in APL folgende Gestalt:

```
        ∇BENZOL;N;ANP;HW;PEP;EPS;ANZ;ENKOS;PERSKOS;GESKOS;BARWERT
[1]     ⍝ *********************************************************
[2]     ⍝ * FUNKTION    : BARWERTBERECHNUNG WAERMEERZEUGUNGSANLAGE    *
[3]     ⍝ * VERSION     : 17.07.85                                    *
[4]     ⍝ *********************************************************
[5]     ⍝ FESTLEGUNG DES BETRACHTUNGSZEITRAUMS
[6]     'BETRACHTUNGSZEITRAUM EINGEBEN :'
[7]     N←[]
[8]     ⍝ ZUWEISUNG DER BASISDATEN
[9]     ANP← 7500000 5200000 5500000
[10]    HW← 8.68 11.2 11.07
[11]    PEP← 0.2 0.35 0.34
[12]    EPS← 5 10 10
[13]    ANZ← 5 3 3
[14]    ⍝ BERECHUNG DER ENERGIEKOSTEN
[15]    ENKOS←(⍉(N,3)⍴(115000000÷HW)×PEP)×(1+EPS÷100)∘.*-1+⍳N
[16]    ⍝ BERECHNUNG DER PERSONALKOSTEN
[17]    PERSKOS←(ANZ×35000)∘.×1.05*-1+⍳N
[18]    ⍝ BERECHNUNG DER GESAMTKOSTEN
[19]    GESKOS←(ANP,(3,N-1)⍴0)+ENKOS+PERSKOS
[20]    ⍝ BARWERTERMITTLUNG
[21]    BARWERT←+/GESKOS×(3,N)⍴1.09*1+-⍳N
```

Damit ist der Verarbeitungsteil abgeschlossen. Die in den Variablen enthaltenen Ergebnisse sollen nun in wohlstrukturierter Form ausgegeben werden.

1.3.2 Der Ausgabebereich

Die wesentlichen Funktionen, die bei der Strukturierung der Ausgabe Verwendung finden, sind das Deaktivieren, das Formatieren, das Verketten und das
Schichten (vgl. Teil 2, Abschnitt 3.2).
In der Ausgabe für das obenstehende Beispiel sollen die Basisdaten, die Energiekosten, Personalkosten, Gesamtkosten sowie die Barwerte der einzelnen Alternativen enthalten sein. Für die Alternative Kohle entsteht dann die folgende Ausgabestruktur:

BENZOL AG **** INVESTITIONSRECHNUNG WAERMEERZEUGUNG

ALTERNATIVE : KOHLE

PERIODE	1	2	3	4	5
ANSCHAFFUNGSPREIS	7500000	0	0	0	0
HEIZWERT	8.68	8.68	8.68	8.68	8.68
ENERGIEPREIS	.20	.20	.20	.20	.20
PREISSTEIGERUNG	5	5	5	5	5
LOHNSTEIGERUNG	5	5	5	5	5
ANZAHL HEIZER	5	5	5	5	5
JAEHRL. VERBRAUCH	13248848	13248848	13248848	13248848	13248848
INFL. ENERGIEKOSTEN	2649770	2782258	2921371	3067440	3220811
INFL.PERSONALKOSTEN	175000	183750	192938	202584	212714

```
GESAMTKOSTEN         10324770   2966008   3114308   3270024   3433525
===================================================================
BARWERT KOHLE        20624583
================================
```

Die Programmierung dieser Ausgabe für die Alternative "Kohle" wird in Zeile
22 der Funktion BENZOL fortgesetzt:

```
[22]  ⋒ AUSGABE DER ERGEBNISSE
[23]    T←'BENZOL AG **** INVESTITIONSRECHNUNG ZUR WAERMEERZEUGUNG'
[24]    (5ρ' '),T
[25]    (5ρ' '),(ρT)ρ'-'
[26]    3 1 ρ' '
[27]    (20ρ' '),'ALTERNATIVE : KOHLE'
[28]    2 1 ρ' '
```

In Zeile 24 wird die Überschrift des Modells ausgegeben, wobei durch den Ausdruck 5ρ' ' die Ausgabe der Überschrift um fünf Stellen nach rechts verscho-

ben wird. Zeile 25 erzeugt die Unterstreichung der Überschrift durch 40faches
Wiederholen des Subtraktionszeichens. Die darauf folgende Programmzeile 26
führt zu einem Zeilenvorschub von drei Zeilen durch Ausgabe von Leerzeichen.

```
[29]   ('PERIODE                '), 9 0 ¥ιN
[30]   ' '
[31]   ('ANSCHAFFUNGSPREIS      '), 9 0 ¥ANP[1],(N-1)ρ0
[32]   ('HEIZWERT               '), 9 2 ¥NρHW[1]
[33]   ('ENERGIEPREIS           '), 9 2 ¥NρPEP[1]
```

In Zeile 29 wird als Spaltenüberschrift die Periodennummer ausgegeben. Nach
einer Leerzeile gelangt dann in Zeile 31 der Anschaffungspreis zur Ausgabe,
der nur in der ersten Periode anfällt und deshalb in den restlichen Perioden
Nullen aufweist.

```
[34]   ('PREISSTEIGERUNG        '), 9 0 ¥NρEPS[1]
[35]   ('LOHNSTEIGERUNG         '), 9 0 ¥Nρ5
[36]   ('ANZAHL HEIZER          '), 9 0 ¥NρANZ[1]
[37]   ' '
[38]   ('JAEHRL. VERBRAUCH      '), 9 0 ¥Nρ115000000÷HW[1]
[39]   ' '
[40]   ('INFL. ENERGIEKOSTEN'), 9 0 ¥ENKOS[1;]
[41]   ('INFL.PERSONALKOSTEN'), 9 0 ¥PERSKOS[1;]
[42]   64ρ'-'
[43]   ('GESAMTKOSTEN           '), 9 0 ¥GESKOS[1;]
[44]   64ρ'='
[45]   ('BARWERT KOHLE          '), 9 0 ¥BARWERT[1]
[46]   30ρ'='
```

Wie die Zeilen 34, 35 und 38 zeigen, können sowohl Variablen, Konstanten als
auch arithmetische Ausdrücke Argumente der Deaktivierungsfunktion sein. Für
die anderen Alternativen müßte jeweils ein ähnlicher Anweisungsblock formuliert werden, um die entsprechende Ausgabe zu erzeugen. Der hierdurch entste-
hende erhebliche Anweisungsaufwand kann jedoch durch die Verwendung von Iterationen (vgl. Abschnitt 1.4) reduziert werden.

Der soeben beschrittene Weg - die zeilenweise Ausgabe der Ergebnisse - ist
häufig umständlich. Eine bessere Möglichkeit besteht darin, die Ausgabe zunächst in Matrizen modular aufzubauen, die dann durch wenige Befehle miteinander verknüpft und ausgegeben werden können:

```
[29]   ⍝ MATRIX DER ERLAEUTERNDEN TEXTE
[30]   TXT← 13 19 ρ' '
[31]   TXT[1;ιρT]←T←'PERIODE'
[32]   TXT[3;ιρT]←T←'ANSCHAFFUNGSPREIS'
[33]   TXT[4;ιρT]←T←'HEIZWERT'
[34]   TXT[5;ιρT]←T←'ENERGIEPREIS'
[35]   TXT[6;ιρT]←T←'PREISSTEIGERUNG'
[36]   TXT[7;ιρT]←T←'LOHNSTEIGERUNG'
[37]   TXT[8;ιρT]←T←'ANZAHL HEIZER'
[38]   TXT[10;ιρT]←T←'JAEHRL. VERBRAUCH'
[39]   TXT[12;ιρT]←T←'INFL. ENERGIEKOSTEN'
[40]   TXT[13;ιρT]←T←'INFL.PERSONALKOSTEN'
```

In Zeile 30 wird die Textmatrix <u>initialisiert</u>, d.h. mit Blanks aufgefüllt,
nachdem die Größe der Matrix bestimmt worden ist. In den folgenden Zeilen
werden den einzelnen Matrixzeilen die entsprechenden Texte zugewiesen. Weil
die Anzahl der Zeichen unterschiedlich ist, wird der Text zunächst auf die
Hilfsvariable T geschrieben. Da jetzt die Länge der Zeichenkette durch Rho
von T bestimmt werden kann, können die zu belegenden Elemente angesprochen
werden, während die übrigen Elemente der Zeile leer bleiben. Die nicht angesprochenen Zeilen sollen später bei der Ausgabe Leerzeilen bilden.
Die Behandlung der numerischen Werte geschieht im folgenden Teil der Ausgabefunktion:

```
[41]  ⍝ MATRIX DER NUMERISCHEN WERTE
[42]    NUM←(9 0 ⍕⍳N),(9 0 ⍕ANP[1],(N-1)⍴0),9 2 ⍕N⍴HW[1]
[43]    NUM←NUM,(9 2⍕N⍴PEP[1]),(9 0 ⍕N⍴EPS[1]),9 0 ⍕N⍴5
[44]    NUM←NUM,(9 0⍕N⍴ANZ[1]),9 0 ⍕N⍴115000000÷HW[1]
[45]    NUM←NUM,(9 0⍕ENKOS[1;]),9 0 ⍕PERSKOS[1;]
[46]  ⍝ STRUKTURIERUNG IN EINE MATRIX
[47]    NUM←(10,(N×9))⍴NUM
[48]  ⍝ EINSCHUB VON LEERZEILEN
[49]    NUM← 1 0 1 1 1 1 1 1 0 1 0 1 1 \NUM
```

In den Zeilen 42 bis 45 wird ein Vektor NUM aufgebaut, der alle deaktivierten
numerischen Ergebnisse aufnimmt. Für die Ausgabe wird dieser Vektor in eine
Matrix mit zehn Zeilen strukturiert. Jede Zeile besteht in Abhängigkeit von
der Anzahl gewünschter Perioden aus N Ergebniswerten. Abschließend erfolgt
entsprechend der Textmatrix das Einfügen der Leerzeilen durch Expandieren.
Anstelle des Umweges über die Bildung eines Vektors kann die Matrix der numerischen Werte auch sofort durch Schichten gebildet werden:

```
[41]  ⍝ MATRIX DER NUMERISCHEN WERTE
[42]    NUM←(9 0 ⍕⍳N),[1](9 0 ⍕ANP[1],(N-1)⍴0),[0.5] 9 2 ⍕N⍴HW[1]
[43]    NUM←NUM,[1](9 2 ⍕N⍴PEP[1]),[1](9 0 ⍕N⍴EPS),[0.5] 9 0 ⍕N⍴5
[44]    NUM←NUM,[1](9 0 ⍕N⍴ANZ[1]),[0.5] 9 0 ⍕N⍴115000000÷HW[1]
[45]    NUM←NUM,[1](9 0 ⍕ENKOS[1;]),[0.5] 9 0 ⍕PERSKOS[1;]
[46]  ⍝ EINSCHUB VON LEERZEILEN
[47]    NUM← 1 0 1 1 1 1 1 1 0 1 0 1 1 \NUM
```

Diese Technik bietet neben dem geringeren Anweisungsaufwand den Vorteil, daß
sie im Gegensatz zur ersten Technik der Vektorbildung auch unterschiedlich
formatierte Werte verarbeiten kann.
Die vorstehende Vorgehensweise zur Ausgabegestaltung durch Matrizenaufbau
mag zunächst gegenüber der ersten Möglichkeit der zeilenweisen Ausgabe keine
Verringerung des Anweisungsaufwandes bedeuten. Wird jedoch berücksichtigt,
daß die Anzahl der Perioden beliebig groß wählbar ist, so bietet die modulare Vorgehensweise erhebliche Vorteile. Denn die Ausgabe von mehr als fünf
Perioden führt im ersten Fall zu einem "Chaos":

```
BENZOL AG **** INVESTITIONSRECHNUNG ZUR WAERMEERZEUGUNG
------------------------------------------------------------
```

```
                    ALTERNATIVE : KOHLE
```

PERIODE		1	2	3	4	5
	6	7	8	9	10	

ANSCHAFFUNGSPREIS	7500000	0	0	0	0
0	0	0	0	0	
HEIZWERT		8.68	8.68	8.68	8.68	8.68
8.68	8.68	8.68	8.68	8.68	
ENERGIEPREIS		.20	.20	.20	.20	.20
.20	.20	.20	.20	.20	
PREISSTEIGERUNG		5	5	5	5	5
5	5	5	5	5	
LOHNSTEIGERUNG		5	5	5	5	5
5	5	5	5	5	
ANZAHL HEIZER		5	5	5	5	5
5	5	5	5	5	

```
JAEHRL. VERBRAUCH    13248848  13248848  13248848  13248848  13248848  13
   248848  13248848  13248848  13248848  13248848
```

```
INFL. ENERGIEKOSTEN   2649770   2782258   2921371   3067440   3220811   33
    81852   3550945   3728492   3914916   4110662
INFL.PERSONALKOSTEN    175000    183750    192938    202584    212714    2
    23349    234517    246243    258555    271482
------------------------------------------------------------
```

```
GESAMTKOSTEN          10324770   2966008   3114308   3270024   3433525   36
    05201   3785461   3974734   4173471   4382145
============================================================
BARWERT KOHLE         31511365
==============================
```

Dagegen kann bei der modularen Vorgehensweise die Textmatrix mehrfach verwendet werden, wie der folgende Programmteil zeigt:

```
[48]   TXT,NUM[;ι9×N⌊5]
[49]   64ρ'-'
[50]   ('GESAMTKOSTEN        '), 9 0 ⷧGESKOS[1;ιN⌊5]
[51]   64ρ'='
[52]   ('BARWERT KOHLE       '), 9 0 ⷧBARWERT[1]
[53]   30ρ'='
[54]   ⋀ WENN ANZAHL DER PERIODEN KLEINER GLEICH FUENF,
[55]   ⋀ DANN PROGRAMMENDE
[56]   →(N≤5)/0
[57]   2 1ρ' '
[58]   TXT,NUM[;45+ι9×(N-5)⌊5]
[59]   64ρ'-'
[60]   ('GESAMTKOSTEN        '), 9 0 ⷧGESKOS[1;5+ι(N-5)⌊5]
[61]   64ρ'='
[62]   ('BARWERT KOHLE       '), 9 0 ⷧBARWERT[1]
[63]   30ρ'='
```

Die Ausgabe hat jetzt folgendes Aussehen:

```
      BENZOL
BETRACHTUNGSZEITRAUM EINGEBEN :
[]:
      10
      BENZOL AG **** INVESTITIONSRECHNUNG ZUR WAERMEERZEUGUNG
      ---------------------------------------------------------------
```

```
            ALTERNATIVE : KOHLE


PERIODE                  1          2          3          4          5

ANSCHAFFUNGSPREIS    7500000          0          0          0          0
HEIZWERT                8.68       8.68       8.68       8.68       8.68
ENERGIEPREIS             .20        .20        .20        .20        .20
PREISSTEIGERUNG           5          5          5          5          5
LOHNSTEIGERUNG            5          5          5          5          5
ANZAHL HEIZER            5          5          5          5          5

JAEHRL. VERBRAUCH    13248848   13248848   13248848   13248848   13248848

INFL. ENERGIEKOSTEN  2649770    2782258    2921371    3067440    3220811
INFL.PERSONALKOSTEN   175000     183750     192938     202584     212714
---------------------------------------------------------------------
GESAMTKOSTEN        10324770    2966008    3114308    3270024    3433525
=====================================================================
BARWERT KOHLE       31511365
============================


PERIODE                  6          7          8          9         10

ANSCHAFFUNGSPREIS         0          0          0          0          0
HEIZWERT                8.68       8.68       8.68       8.68       8.68
ENERGIEPREIS             .20        .20        .20        .20        .20
PREISSTEIGERUNG           5          5          5          5          5
LOHNSTEIGERUNG            5          5          5          5          5
ANZAHL HEIZER            5          5          5          5          5

JAEHRL. VERBRAUCH    13248848   13248848   13248848   13248848   13248848

INFL. ENERGIEKOSTEN  3381852    3550945    3728492    3914916    4110662
INFL.PERSONALKOSTEN   223349     234517     246243     258555     271482
---------------------------------------------------------------------
GESAMTKOSTEN         3605201    3785461    3974734    4173471    4382145
=====================================================================
BARWERT KOHLE       31511365
============================
```

1.4 Iterationen - ein Simulationsmodell

In diesem Abschnitt sollen die Iterationen behandelt werden (zu den Iterationen als Elemente der Struktogramme oder Programmablaufpläne vgl. Teil 3, Abschnitt 1.2).

1.4.1 Problembeschreibung und Entwicklung des Simulationsmodells

Die Darstellung der Iterationstechniken erfolgt an einem größeren Beispiel;
es wird ein Simulationsmodell entwickelt, das den Stromabsatz der ELEKTRA AG,
einem Energieversorgungsunternehmen, prognostiziert. Der monatliche Stromabsatz weist dabei starke, saisonal bedingte Schwankungen auf, die in der Tem-
peraturabhängigkeit der Verbräuche für elektrische Heizungen begründet sind
(vgl. Abb. 16). Neben dem Temperatureinfluß bestimmen kurzfristig vor allem

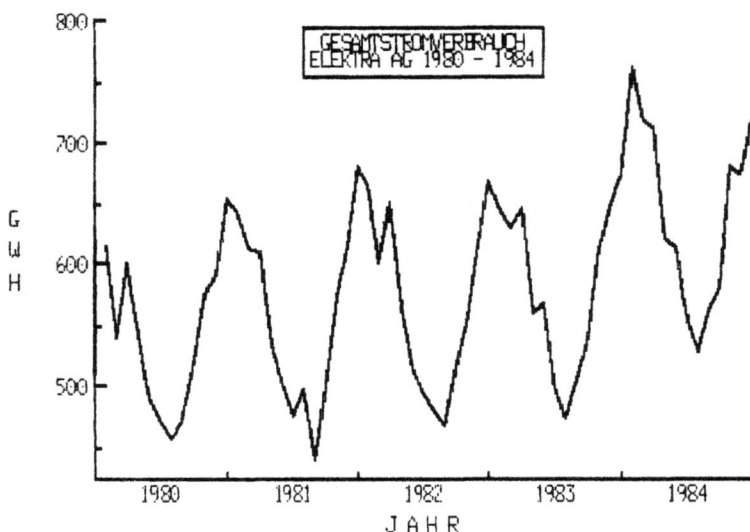

Abb. 16: Monatlicher Stromverbrauch der ELEKTRA AG

Kalendereinflüsse (Werktage, Feiertage und Ferien) und eine konjunkturelle
Komponente den Stromverbrauch.
Zusätzlich soll das Modell die täglich benötigten Kapazitätsreserven der
Kraftwerke aus den Stromabsatzmengen berechnen. Zur kurzfristigen Prognose
läßt sich der zukünftige monatliche Stromverbrauch der ELEKTRA AG mit folgen-
dem multiplen Regressionsmodell vorhersagen:

	COEFFIZIENT		B/SIGMA(B)	CONFIDENCE INTERVAL	
TERM	B	SIGMA(B)	T	LOWER	UPPER
B0	⁻23.3274	99.9867	⁻.2333	⁻190.7542	144.0993
B1	.3460	.0140	24.7262	.3226	.3694
B2	17.3616	3.5327	4.9146	11.4462	23.2770
B3	9.8898	3.5671	2.7725	3.9167	15.8628
B4	⁻1.1805	.3413	⁻3.4588	⁻1.7520	⁻.6090
B5	.6505	.4181	1.5559	⁻.0496	1.3506
B6	1.9929	.1417	14.0618	1.7556	2.2302
THE THEORETICAL VALUE FOR T AT THE 0.05 LEVEL AND 53 DF =					1.674

REGRESSION ANALYSIS TABLE

SOURCE	SS	DF	MS	F
TOTAL (CORRECTED)	357146.45833	59	6053.32980	
REGRESSION (CORRECTED)	338137.25318	6	56356.20886	157.128
RESIDUAL	19009.20515	53	358.66425	
CORRECTION FACTOR	20102881.66667	1		

```
MULTIPLE CORRELATION COEFFIZIENT =      .973
R SQUARED FACTOR                 =      .947
THE SIGNIFICANCE OF REGRESSION   =  1.0000
(SIGNIFICANCE: AREA UNDER CURVE FROM 0 TO COMPUTED F)
```

Abb. 17: Multiples Regressionsmodell zum Stromabsatz der ELEKTRA AG

Der multiple Korrelationskoeffizient in Höhe von 0.973 und der F-Wert in Höhe von 157.128 zeigen eine hohe Validität des Modells an. Die Koeffizienten der unabhängigen Matrix beinhalten in dem Modell die folgenden Größen:

BO = Absolutglied,

B1 = Heizgradtage des betrachteten Monats, bezogen auf 16°C. Die Heiz-
     gradtage eines Tages berechnen sich aus der Differenz der Tages-
     mitteltemperatur minus 20°C. Diese Differenz wird gleich Null ge-
     setzt, wenn die Tagesmitteltemperatur größer als die Grenztempera-
     tur (hier 16°C) ist. Durch Summierung über alle Tage eines Monats
     erhält man dessen Heizgradtagezahl,

B2 = Anzahl der Werktage im Monat,

B3 = Anzahl der Samstage, Sonntage und Feiertage im betrachteten Monat,

B4 = Anzahl der Ferientage des Monats,

B5 = Index der gesamten industriellen Nettoproduktion (zur Erfassung
     konjktureller Einflüsse) und

B6 = Linearer Trend zur Erfassung langfristiger Änderungen.

Soll für ein Jahr eine Prognose erstellt werden, so müssen alle Einflußfak-
toren B1 bis B6 für das betrachtete Jahr bestimmt werden. Während dies bei
den Kalenderdaten unproblematisch ist, lassen sich die Temperaturen und der
Konjunkturverlauf nicht ohne weiteres exakt vorhersagen. Hier wird für diese
beiden Einflußgrößen daher folgendes Vorgehen gewählt:

• Temperaturen treten mit statistischen Wahrscheinlichkeiten auf. Für
  das Versorgungsgebiet der ELEKTRA AG existieren Daten der letzten
  35 Jahre. Die Prognose des Stromverbrauches für das nächstfolgende
  Jahr unterstellt dann immer einen empirisch aufgetretenen Temperaturverlauf. Durch Wiederholung der Stromverbrauchsberechnungen für

alle Temperaturverläufe erhält man eine Wahrscheinlichkeitsverteilung für den tatsächlich zu erwartenden Stromabsatz.

● Die konjunkturelle Entwicklung wird durch Eingabe der Werte von Konjunkturprognosen erfaßt. Durch die Eingabe alternativer konjunktureller Entwicklungstendenzen werden die Stromverbräuche entsprechend berechnet.

Der logische Ablauf der gesamten Problemlösung kann durch das nachstehende Struktogramm wiedergegeben werden.

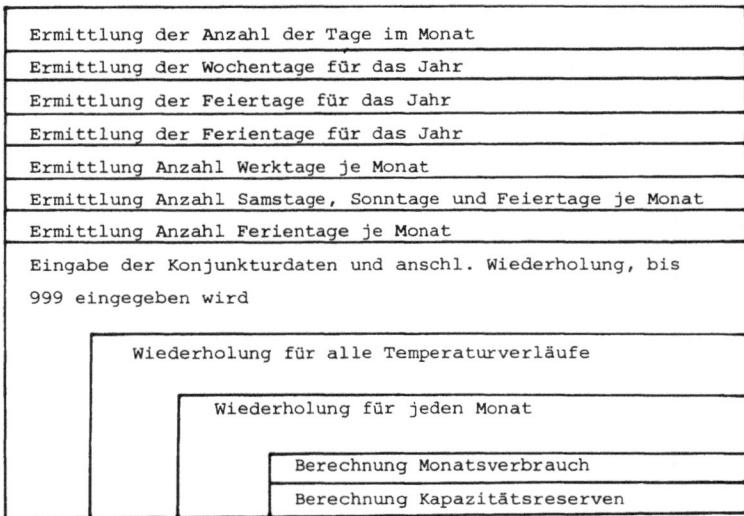

Ermittlung der Anzahl der Tage im Monat
Ermittlung der Wochentage für das Jahr
Ermittlung der Feiertage für das Jahr
Ermittlung der Ferientage für das Jahr
Ermittlung Anzahl Werktage je Monat
Ermittlung Anzahl Samstage, Sonntage und Feiertage je Monat
Ermittlung Anzahl Ferientage je Monat
Eingabe der Konjunkturdaten und anschl. Wiederholung, bis 999 eingegeben wird

> Wiederholung für alle Temperaturverläufe
>
> > Wiederholung für jeden Monat
> >
> > > Berechnung Monatsverbrauch
> > > Berechnung Kapazitätsreserven

Um die Betrachtungen auf die Iterationen konzentrieren zu können, wird davon ausgegangen, daß die Kalenderdaten bereits in der globalen Variablen KALM abgespeichert sind. Für 1984 hat KALM folgendes Aussehen:

```
          ρKALM
12  3
          KALM
22   9   7
21   8   0
22   9   0
19  11  22
21  10   0
19  11   3
22   9  31
23   8  11
20  10   0
23   8   6
20  10   0
19  12  10
```

Dabei enthält die erste Spalte die Werktage, die zweite Spalte die Samstage, Sonntage und Feiertage und die dritte Spalte die Ferientage. Für die weitere Problemlösung sind somit nur die drei ineinander verschachtelten Schleifen am Ende des Struktogramms von Interesse. Sie werden in Abschnitt 1.4.2 behandelt.

1.4.2 Grundlagen der Iterationstechnik

a) Einführung

Als Iteration (Synonyme: Schleife, Wiederholung) wird das mehrfache Ausführen einer oder mehrerer Programmzeilen bezeichnet. Die grundlegende Technik von Iterationen beruht dabei auf einer Verzweigung, die in einen oberen Programmteil zurückverzweigt. Dagegen sprachen die in Abschnitt 1.1 behandelten Verzweigungen immer eine Programmzeile unterhalb der aktuellen Zeile an. Die allgemeine Syntax einer Schleife lautet dann:

> *MARKE* :
>
> *ZU WIEDERHOLENDE ANWEISUNGEN*
>
> → *MARKE*

Damit die Schleife nicht endlos durchlaufen wird, muß innerhalb der zu wiederholenden Anweisungen ein Abbruchkriterium vorhanden sein.

b) Abbruchkriterien zu Beginn der Iteration

Die Abbruchbedingung einer Iteration kann sich an verschiedenen Stellen innerhalb der Schleife befinden. Zunächst sei der Fall vorgestellt, daß die Bedingung zu Beginn der Iteration steht. Die allgemeine Syntax hierfür ist:

> *MARKE* : → *(BEDINGUNG)* / *ENDE*
>
> *ZU WIEDERHOLENDE ANWEISUNGEN*
>
> → *MARKE*
>
> *ENDE* : *WEITERE PROGRAMMSCHRITTE*

Wird die innerste Schleife des Problems - Berechnung der monatlichen Stromverbräuche - entsprechend der oben behandelten Syntax formuliert, so ergibt sich:

```
      ∇SIMU X;ANZ;EIN;I;MERK
[1]   ∩ *****************************************************
[2]   ∩ * FUNKTION : SIMULATION DES STROMABSATZES          *
[3]   ∩ * PARAMETER: X = SIMULIERTES JAHR                  *
[4]   ∩ * VERSION  : 1/85                                  *
[5]   ∩ *****************************************************
[6]   I←0
[7]   MERK←0
[8]   STROM←12ρ0
[9]   ANZ←31,(28+0≠.= 4 100 400 |X), 10ρ5ρ31 30
[10]  RESERVE←(+/ANZ)ρ0
[11]  MARKE:→(12<I←I+1)/0
[12]  STROM[I]←+/(1,HGT[I],KALM[I;],NTP[I],(12×X-1980)+I)×RK
[13]  RESERVE[MERK+ιANZ[I]]←⌈STROM[I]÷ANZ[I]
[14]  MERK←MERK+ANZ[I]
[15]  →MARKE
[16]  ∇
```

Die globalen Variablen HGT, KALM und NTP enthalten dabei die unabhängigen Variablen des Regressionsmodells. Zusätzlich existiert ein Absolutglied und ein linearer Trend. Die Regressionskoeffizienten sind in RK abgespeichert.

Die Schleife (Zeile 11 bis 15) wird solange durchlaufen, bis der Schleifenzähler I größer als 12 ist. Da der Schleifenzähler mit Null initialisiert wird, arbeitet das Programm die Schleife genau zwölfmal ab. Innerhalb der Schleife wird der Schleifenzähler bei jedem Durchlauf um Eins erhöht, so daß der Stromabsatz für jeden Monat genau einmal berechnet wird.

Hinweis: Bei der Formulierung von Iterationen mit einem Schleifenzähler sind folgende Punkte zu beachten:

- der Schleifenzähler muß vor Beginn der Iteration initialisiert werden, d.h. einen Wert zugewiesen bekommen;

- es muß eine Abbruchbedingung vorhanden sein, die mit Hilfe des Zählers geprüft werden kann.

Die Verwendung von Iterationen mit Schleifenzählern bietet sich immer dann an, wenn die Anzahl der Schleifendurchläufe fix ist. Andererseits ermöglicht APL aber gerade die Umgehung solcher Schleifen durch Verwendung von Vektoren und höheren Strukturen, die parallel verarbeitet werden können (vgl. Abschn. 1.4.3).

c) Abbruchbedingungen am Ende der Iteration

Die Abbruchbedingung einer Iteration kann auch an das Ende der Schleife gestellt werden. Die allgemeine Syntax hierzu ist:

MARKE : ZU WIEDERHOLENDE ANWEISUNGEN

  → (BEDINGUNG) / MARKE

WEITERE PROGRAMMSCHRITTE

Bei dieser Art der Schleifenformulierung muß die Bedingung erfüllt werden,
damit die Schleife fortgeführt wird. Erweitert man die Problemlösung um die
Schleife der alternativen Temperaturverläufe, so ergibt sich:

```
        ∇SIMU X;ANZ;EIN;I;J;MERK
[1]     ⍝ ************************************************************
[2]     ⍝ * FUNKTION : SIMULATION DES STROMABSATZES                 *
[3]     ⍝ * PARAMETER: X = SIMULIERTES JAHR                         *
[4]     ⍝ * VERSION   : 2/85                                        *
[5]     ⍝ ************************************************************
[6]     J←1
[7]     MERK←0
[8]     STROM← 35 12 ρ0
[9]     ANZ←31,(28+0≠.= 4 100 400 |X), 10ρ5ρ31 30
[10]    RESERVE←(+/ANZ)ρ0
[11]    MARKE1:MERK←I←0
[12]    MARKE:→(12<I←I+1)/MARKE2
[13]    STROM[J;I]←⌈+/(1,HGTS[J;I],KALM[I;],NTP[I],(12×X-1980)+I)×RK
[14]    RESERVE[MERK+ιANZ[I]]←⌈RESERVE[MERK+ιANZ[I]]⌉STROM[J;I]÷ANZ[I]
[15]    MERK←MERK+ANZ[I]
[16]    →MARKE
[17]    MARKE2:→(35≥J←J+1)/MARKE1
[18]    ∇
```

Hinweis: Der Schleifenzähler J wird mit Eins initialisiert, da die Zählerer-
         höhung erst nach Ausführung der zu wiederholenden Anweisungen er-
         folgt.

Der Vorteil dieser Variante gegenüber der Formulierung der Abbruchsbedingung
zu Beginn der Iteration liegt darin, daß eine Zeile eingespart werden kann.
Bei großer Zahl von Schleifendurchläufen macht sich dies vorteilhaft in der
Rechenzeit bemerkbar.

d) Abbruchsbedingung innerhalb der Iteration

Unter Umständen ist es möglich und auch sinnvoll, eine Schleife vor dem gesamten Ablauf der zu wiederholenden Anweisungen zu verlassen. Im Beispielprogramm zur Stromprognose wird in beiden bisher behandelten Fällen (Abbruchsbedingung zu Anfang oder Ende der Schleife) die Berechnung von MERK - dem
Tagesindex, für den die letzte Kapazitätsreserve bisher bestimmt worden ist -
beim letzten Schleifendurchlauf ausgeführt, obwohl das Ergebnis nicht mehr
benötigt wird. Es bietet sich daher an, die Abbruchsbedingung der Schleife
vor dieser Berechnung zu stellen. Die allgemeine Syntax lautet:

  MARKE : ZU WIEDERHOLENDE ANWEISUNGEN

    → (BEDINGUNG) / ENDE

  ANWEISUNGEN, DIE BEIM LETZTEN SCHLEIFENDURCHLAUF NICHT
  AUSZUFUEHREN SIND

    → MARKE

  ENDE: WEITERE PROGRAMMSCHRITTE

Die Anwendung dieser Iterationstechnik führt zu folgender Version der Problemlösung:

```
      ∇SIMU X;I;ANZ;MERK
[1]   ⋒ *******************************************************
[2]   ⋒ * FUNKTION : SIMULATION DES STROMABSATZES            *
[3]   ⋒ * PARAMETER: X = SIMULIERTES JAHR                    *
[4]   ⋒ * VERSION   : 3/85                                   *
[5]   ⋒ *******************************************************
[6]   I←1
[7]   MERK←0
[8]   STROM←12ρ0
[9]   ANZ←31,(28+0≠.= 4 100 400|X), 10ρ5ρ31 30
[10]  RESERVE←(+/ANZ)ρ0
[11]  MARKE:STROM[I]←+/(1,HGT[I],KALM[I;],NTP[I],(12×X-1980)+I)×RK
[12]  RESERVE[MERK+ιANZ[I]]←[STROM[I]÷ANZ[I]]
[13]  →(12<I←I+1)/0
[14]  MERK←MERK+ANZ[I-1]
[15]  →MARKE
[16]  ∇
```

e) Iterationen mit variabler Anzahl von Durchläufen

Die bisher behandelten Beispiele zur Formulierung von Iterationen zeichneten
sich u.a. dadurch aus, daß die Anzahl der Schleifendurchläufe fest vorgegeben
war. Die Schleife zur Prognose des Stromverbrauches bei alternativen Konjunk-
turentwicklungen soll aber beliebig oft durchlaufen werden können, denn bei
Programmstart ist unbekannt, wie oft diese Schleife wiederholt wird. Die allgemeine Syntax ändert sich prinzipiell nicht gegenüber der Iteration mit fe-
ster Anzahl von Wiederholungen. Der Unterschied liegt allein in der Formulierung der Abbruchsbedingung. Eine verbreitete Anwendung findet diese Technik
bei der Eingabeüberprüfung. So soll in diesem Beispiel die Funktion solange
ausgeführt werden, bis 999 eingegeben wird. Denkbar wäre auch die Eingabe eines Stichwortes (z.B. ENDE). Das gesamte Simulationsprogramm unter Einbezie-
hung dieser Schleife gestaltet sich dann wie folgt:

```
      ∇SIMU X;ANZ;EIN;I;J;MERK;RESERVE;STROM;NTP
[1]   ⋒ *******************************************************
[2]   ⋒ * FUNKTION : SIMULATION DES STROMABSATZES            *
[3]   ⋒ * PARAMETER: X = SIMULIERTES JAHR                    *
[4]   ⋒ * VERSION   : 4/85                                   *
[5]   ⋒ *******************************************************
[6]   J←1
[7]   MERK←0
[8]   STROM← 35 12 ρ0
[9]   S← 35 0 ρ''
[10]  ANZ←31,(28+0≠.= 4 100 400 |X),10ρ5ρ31 30
[11]  RESERVE←(+/ANZ)ρ0
[12]  R←(0,(+/ANZ))ρ0
```

```
[13]  MARKE1:[]←'WACHSTUM NETTOPRODUKTION ODER 999 (=ENDE)EINGEBEN'
[14]  →(999=EIN←[])/0
[15]  J←1
[16]  MARKE2:MERK←I←0
[17]  MARKE3:→(12<I←I+1)/MARKE4
[18]  NTP←-100+EIN×NTP[I]+100
[19]  STROM[J;I]←[+/(1,HGTS[J;I],KALM[I;],NTP,(12×X-1980)+I)×RK
[20]  RESERVE[MERK+ιANZ[I]]←[RESERVE[MERK+ιANZ[I]]][STROM[J;I]÷ANZ[I]]
[21]  MERK←MERK+ANZ[I]
[22]  →MARKE3
[23]  MARKE4:→(35≥J←J+1)/MARKE2
[24]  S←S,STROM
[25]  R←R,[1](1,(+/ANZ))ρRESERVE
[26]  →MARKE1
[27]  ∇
```

Abschließend soll eine Anwendung des Simulationsmodells für 1985 gezeigt werden, in der ein Wachstum der industriellen Nettoproduktion von -5, 0, 5, 10
und 20 Prozent unterstellt wird.

```
      SIMU 1985
WACHSTUM NETTOPRODUKTION ODER 999 (=ENDE)EINGEBEN
[]:
       ⁻0.05
WACHSTUM NETTOPRODUKTION ODER 999 (=ENDE)EINGEBEN
[]:
       0
WACHSTUM NETTOPRODUKTION ODER 999 (=ENDE)EINGEBEN
[]:
       0.05
WACHSTUM NETTOPRODUKTION ODER 999 (=ENDE)EINGEBEN
[]:
       0.10
WACHSTUM NETTOPRODUKTION ODER 999 (=ENDE)EINGEBEN
[]:
       0.20
WACHSTUM NETTOPRODUKTION ODER 999 (=ENDE)EINGEBEN
[]:
       999
```

Die Auswertung der Ergebnisse kann auf zwei verschiedenen Wegen erfolgen:
- Entwicklung eines Auswertungsprogramms, das fest in den bestehenden Verarbeitungsteil integriert wird oder
- Analyse der Ergebnisse im Ausführungsmodus.
Während die erste Möglichkeit eine einfachere Handhabung sichert (der Modell-
anwender benötigt keine APL-Kenntnisse), liegt der Vorteil der zweiten Möglichkeit in einer individuellen, flexiblen Auswertung der Modellergebnisse. An
dieser Stelle soll die Analyse der Modellergebnisse im Ausführungsmodus erfolgen.
Dazu sollte sich der Anwender zunächst verdeutlichen, welche Größen überhaupt
analysiert werden können und in welcher Form sie abgespeichert sind. Das Pro-

gramm SIMU erzeugt die globalen Variablen $\underline{S}$ und $\underline{R}$, wobei $\underline{S}$ die prognostizier-
ten Stromabsätze und $\underline{R}$ die Reservelinie beinhalten.

```
            ρS
   35 60
            ρR
    5 365
```

Dabei enthält jede Zeile in $\underline{S}$ den Stromverbrauch bei einem möglichen Temperaturverlauf und jeweils zwölf Spalten beinhalten den Stromverbrauch einer getesteten Wachstumsrate der industriellen Nettoproduktion. $\underline{R}$ enthält in jeder
Zeile die für einen getesteten Zuwachs der industriellen Nettoproduktion maximal bereitzustellende tägliche Kraftwerksreserve. Im folgenden sollen die
Stromabsatzprognosen noch näher betrachtet werden.
Der Stromabsatz für einen gewählten Temperaturverlauf (z.B. das erste vorhandene Jahr) kann wie folgt ausgegeben werden:

```
        5  12ρS[1;]
  682 606 638 568 549 479 469 505 545 624 634 709
  685 609 642 571 552 481 472 508 548 627 637 712
  688 612 645 574 556 484 475 511 551 631 641 715
  691 615 648 577 559 487 478 514 555 635 644 718
  697 622 655 583 566 493 484 520 561 642 651 725
```

Die erste Zeile der Ausgabe unterstellt ein "Wachstum" von -5 Prozent, die
zweite eines von 0 Prozent etc. Die Werte zeigen, wie zu erwarten war, ein
relativ einheitliches Bild, in dem unabhängig vom betrachteten Monat der Prog-
nosewert um drei bis vier GWh je fünf Prozent mehr Wachstum ansteigt.
Dasselbe Bild ergibt sich bei der Betrachtung des Simulationslaufes mit der
maximalen Anzahl an Heizgradtagen:

```
        5  12ρS[13;]
  662 641 689 555 598 510 508 531 545 611 651 698
  665 644 693 558 601 512 511 534 548 614 655 701
  668 647 696 561 604 515 514 537 552 618 659 704
  671 651 699 564 608 518 518 539 555 622 662 707
  677 657 706 571 614 524 524 545 562 629 669 714
```

Die simulierten Heizgradtage sind dabei in der globalen Variablen HGTS abgespeichert (vgl. SIMU-Programmzeile 19):

```
     9  1∇7  5ρHGTS
  3580.0      3451.7      3814.5      3438.1      3803.4
  3841.9      4127.1      3547.1      3662.1      3198.5
  3491.1      3428.5      4136.0      4061.7      3718.0
  3879.8      3565.8      3474.6      3688.2      3739.3
  3750.9      3479.8      3825.1      3648.9      3499.3
  3498.2      3550.0      3519.6      3880.6      3903.9
  3819.0      3672.5      3352.2      3493.7      3732.0
```

Soll die mögliche Streuung des Stromverbrauches für eine spezielle Wachstumsrate (z.B. fünf Prozent) ausgegeben werden, kann dies mit der nachstehenden
Anweisung erreicht werden:

```
      8  2₮([/S[;24+ι12]),(+/S[;24+ι12]),[1.5]l/S[;24+ι12]
 766.00  684.57  637.00
 743.00  645.06  600.00
 696.00  660.89  622.00
 592.00  563.80  517.00
 604.00  570.57  533.00
 541.00  504.71  484.00
 520.00  493.17  475.00
 557.00  524.57  508.00
 582.00  537.17  505.00
 662.00  618.00  583.00
 672.00  640.31  607.00
 718.00  669.86  631.00
```

Während die konjunkturelle Entwicklung wenig Einfluß auf die Ergebnisse zeigt,
sind die temperaturbedingten Stromabsatzschwankungen relativ hoch. Dies ist
darauf zurückzuführen, daß die ELEKTRA AG in ihrer Benutzerstruktur einen
großen Anteil an Haushaltskunden aufweist, deren Stromverbräuche aufgrund der
Heizlast stark schwanken (vgl. Abb. 16).

Die vorausgegangenen Analysen haben deutlich einen besonderen Vorteil von
APL herausgestellt: die flexible Auswertung von Modellergebnissen mit Hilfe
einfacher APL-Ausdrücke außerhalb des eigentlichen Programmes. In anderen problemorientierten Programmiersprachen sind derartige Auswertungsmöglichkeiten
nicht gegeben.

1.4.3 Pseudoschleifen

In diesem Abschnitt werden zwei Möglichkeiten beschrieben, Iterationen zu vermeiden. Analog zur Verzweigungstechnik (vgl. Abschnitt 1.1) werden diese Verfahren auch als Pseudoschleifen bezeichnet.
Die erste Möglichkeit basiert auf der Verwendung höherer Strukturen. Bei allen
Problemlösungen, die auf den ersten Blick mittels Schleifen zu lösen sind, ist
zu prüfen, ob eine Schleife nicht durch die Verwendung höherer Strukturen ver-
mieden werden kann. Denn sind mehrere Berechnungen für eine Reihe von Einzel-
elementen durchzuführen, so ist es sinnvoll,die Berechnungen mit allen Elementen auszuführen.

Beispiel: Im oben beschriebenen Simulationsmodell kann die Berechnung der Stromverbräuche in einer Schleife erfolgen:

```
I←0
S1:→(12<I←I+1)/0
    STROM[I]←⌈/(1,HGTS[I],KALM[I;],NTP[I],(12×X-1980)+I)×RK
→S1
```

Anstelle von skalaren Größen kann dieselbe Berechnung auch für Vektoren durchgeführt werden:

$$STROM←⌈/((12\rho 1),HGTS,KALM,NTP,[1.5](12×X-1980)+\iota 12)+.×RK$$

Eine weitere Technik ist analog zu der in Abschnitt 1.1.2 beschriebenen Technik zu sehen, in der das Aktivierungszeichen Verwendung findet. Die allgemeine Syntax lautet:

± (⁻1 + (ρ *ZEICHENKETTE*) × *SCHLEIFENLAEUFE*) ρ ' *ZEICHENKETTE* '

Für die einzelnen Bestandteile dieses Ausdruckes sind noch weitere Bedingungen zu beachten, die an einem Beispiel demonstriert werden.

Beispiel: Es soll eine Funktion erstellt werden, die zweispaltige Matrizen derart verarbeitet, daß zum Wert der ersten Spalte ein Indexvektor addiert wird. Die Länge des jeweiligen Indexvektors wird dabei durch das korrespondierende Element der zweiten Matrixspalte bestimmt. Aus

```
1   2
2   5
4   2
2   3
```

soll 2   3   3   4   5   6   7   5   6   3   4   5 werden. Dabei ergibt sich das Ergebnis aus (1+ι2),(2+ι5),(4+ι2),(2+ι3) .

Als Problemlösung bietet sich das folgende Struktogramm an:

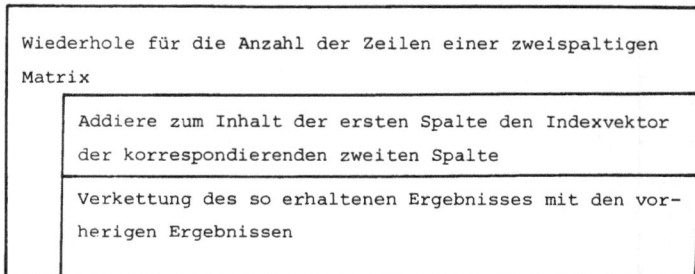

Wiederhole für die Anzahl der Zeilen einer zweispaltigen Matrix
Addiere zum Inhalt der ersten Spalte den Indexvektor der korrespondierenden zweiten Spalte
Verkettung des so erhaltenen Ergebnisses mit den vorherigen Ergebnissen

Unter Verwendung der vorgestellten Pseudoschleifentechnik ergibt sich:

```
      ∇R←IND X;I
[ 1]  ⍝ ***********************************************************
[ 2]  ⍝ * FUNKTION : ERZEUGUNG EINES VEKTORS MIT ANFANGSWERTE    *
[ 3]  ⍝ *             GLEICH ERSTE SPALTE PLUS ιDER ZWEITEN SPALTE *
[ 4]  ⍝ * PARAMETER: X : MATRIX DER WERTE                        *
[ 7]  ⍝ * VERSION  : 25.04.85                                    *
[ 8]  ⍝ ***********************************************************
[ 9]  I←0
[10]  R←''
[11]  I←±(-1+25×1↑ρX)ρ'(R←R,X[I;1]+ιX[I←I+1;2]),'
[12]  ∇
```

Die Arbeitsweise dieser Technik ist folgendermaßen:

- Die gesamte Schleife wird in einen Textvektor geschrieben;
- Dieser Textvektor besteht dann aus der deaktivierten Schleife, im obigen
  Fall aus '(R←R,X[I;1]+ιX[I←I+1;2]),' ;
- Die deaktivierte Schleife besteht in diesem Fall aus 25 Elementen. Daher
  wird ein Textvektor generiert, dessen Anzahl an Elementen sich aus der Multiplikation von 25 mit der Anzahl der Schleifendurchläufe errechnet;
- Das letzte Element der Zeichenkette ist das Verkettungszeichen. Da die
  letzte Schleife innerhalb des Textvektors nicht mehr weiter verkettet wird,
  muß ein Element dieses Vektors entfernt werden. Dies erfolgt durch den Ausdruck (⁻1+25×1↑ρX) ;
- Durch Aktivierung des erzeugten Textvektors wird dieser Ausdruck von rechts
  nach links ausgewertet;
- Da der Schleifenzähler I vor dieser "Schleifenzeile" mit Null initialisiert
  worden ist, wird I zunächst auf Eins erhöht und damit die Berechnung für die
  erste Zeile der Matrix durchgeführt;
- Zur Ausführung der zweiten Schleife wird I auf Zwei gesetzt usw.

Grundsätzlich erlaubt diese Technik die Formulierung beliebiger Schleifen, indem ein bedarfsgerechter Textvektor erzeugt wird. Der Schnelligkeit und Kürze
dieser Technik steht aber die mangelnde Übersichtlichkeit, Verständlichkeit
und Wartungsfreundlichkeit entgegen, so daß eine gute Programmdokumentation
unerläßlich ist.

1.5 Unterprogrammtechnik - angewandt auf das Rechnungswesen

Bei größeren und komplexeren Problemen bietet es sich an, die gesamte Problemlösung nicht innerhalb eines großen Programmes zu formulieren, sondern in klei-
ne überschaubare Module aufzuteilen. Die Steuerung der Programme obliegt dabei
einem sog. "Hauptprogramm", welches die einzelnen Unterprogramme aufruft, die

Teilprobleme bearbeiten. Diese Technik wird als <u>Unterprogrammtechnik</u> bezeichnet. Als Grundlage zur Verdeutlichung ihrer Anwendung dient ein Beispiel aus
dem Bereich Rechnungswesen.

1.5.1 Problembeschreibung

Es soll ein System erstellt werden, das aus den Werten der Gewinn- und Ver-
lustrechnung (GuV) sowie der Bilanz Kennzahlen ermittelt und für eine Ana-
lyse aufbereitet, sowie Bilanz, GuV und Kennzahlen in einer wohlstrukturierten
Form ausgibt.
Die (vereinfachte) Bilanz soll die folgenden Positionen enthalten, die vom
Benutzer mit den problemspezifischen Werten aufgefüllt werden können:

- Aktiva

    - Grundstücke und Gebäude
    - Maschinen
    - Betriebs- und Geschäftsausstattung
    - Fuhrpark
    - Beteiligungen
    - Fertige Erzeugnisse
    - Unfertige Erzeugnisse
    - Werkstoffe
    - Forderungen
    - Wertpapiere
    - Barmittel
    - Sonstiges Umlaufvermögen

- Passiva

    - Grundkapital
    - Rücklagen
    - Langfristige Darlehen
    - Kurzfristiger Bankkredit
    - Lieferantenverbindlichkeiten

Die Gewinn- und Verlustrechnung hat folgende Struktur:

- Umsatzerlöse
- Bestandsänderungen fertiger Erzeugnisse

- Bestandsänderungen unfertiger Erzeugnisse
- Neutrale Erträge
- Fertigungsmaterialkosten
- Fertigungslöhne
- Fertigungsgemeinkosten
  - davon Abschreibungen
- Fremdkapitalzinsen
- Verwaltungs- und Vertriebskosten
  - davon Abschreibungen
- Außerordentlicher Aufwand
- Rücklagenveränderung

Nach Aufbereitung von Bilanz und GuV-Rechnung soll das APL-Programmsystem
noch die Möglichkeit zur Berechnung der nachstehenden Kennzahlen bieten:

A. Erfolgskennzahlen

Kennzahl	Formel
- Umsatzrentabilität	((Umsatz - Kosten + Bestands-veränderungen) : Umsatz) x 100
- Eigenkapitalrentabilität	(Jahresüberschuß : langfristiges Eigenkapital) x 100
- Gesamtkapitalrentabilität	((Jahresüberschuß + Fremdkapital-zinsen) : Gesamtkapital) x 100
- Cash-Flow	Gewinn + Rücklagenveränderung + Abschreibungen - Neutrale Erträge + Außerordentlicher Aufwand

B. Umschlagskennzahlen

Kennzahl	Formel
- Kapitalumschlag	Umsatz : Kapital
- Umsatz des Fertig-warenlagers	Umsatz : Lagerbestand

- Umschlag des Werk- stofflagers	Umsatz : Werkstoffbestand
- Umschlag der Forderungen	Umsatz : Forderungsbestand
- Umschlag der Lieferanten- verbindlichkeiten	Umsatz : Lieferantenver- bindlichkeiten

C. Finanzstrukturkennzahlen

Kennzahl	Formel
- Eigenkapitalquote	(Eigenkapital : Bilanzsumme) x 100
- Deckungsgrad B	((langfristiges Eigenkapital + langfristiges Fremdkapital) : Anlagevermögen) x 100
- Liquidität 1. Grades	(Geldwerte + kurzfristige Forde- rungen) : kurzfristige Verbind- lichkeiten

1.5.2 Modulare Problemlösung

Bei Anwendung der Unterprogrammtechnik ist es sinnvoll, zunächst ein Doku-
ment über die Hierarchie und den Ablauf der gesamten Programme zu erstellen.
Im vorliegenden Fall sollen folgende Teilaufgaben Unterprogrammen übertragen
werden:

- Eingabe
- Aufbereitung der Bilanz und GuV
- Berechnung der Erfolgskennzahlen
- Berechnung der Umschlagskennzahlen
- Berechnung der Finanzstrukturkennzahlen
- Ausgabe Bilanz und GuV
- Ausgabe Kennzahlen

Die Steuerung dieser Unterprogramme erfolgt durch ein Hauptprogramm mit der
Bezeichnung BILANZANA, das die Unterprogramme in der im folgenden Schaubild

wiedergegebenen Reihenfolge aufruft:

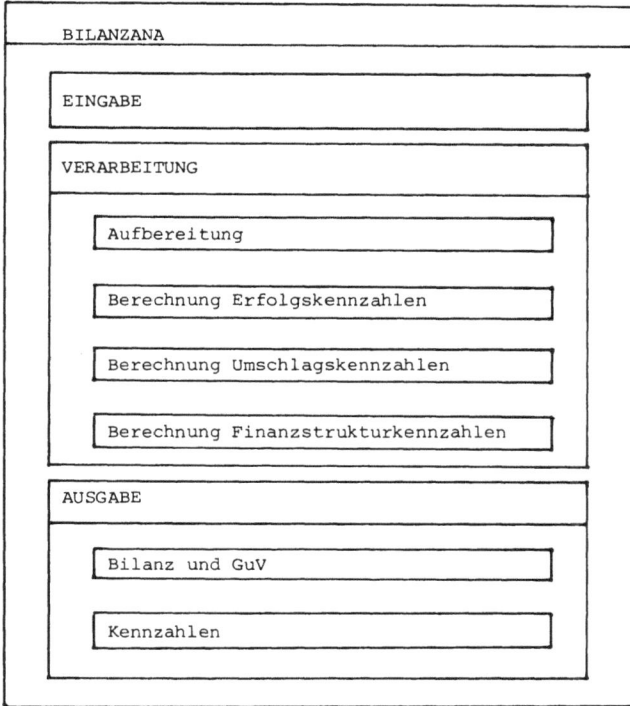

```
┌─────────────────────────────────────────────────────────────┐
│  BILANZANA                                                    │
│  ┌───────────────────────────────────────────────────────┐   │
│  │  EINGABE                                              │   │
│  └───────────────────────────────────────────────────────┘   │
│  ┌───────────────────────────────────────────────────────┐   │
│  │  VERARBEITUNG                                         │   │
│  │  ┌─────────────────────────────────────────────────┐  │   │
│  │  │  Aufbereitung                                  │  │   │
│  │  └─────────────────────────────────────────────────┘  │   │
│  │  ┌─────────────────────────────────────────────────┐  │   │
│  │  │  Berechnung Erfolgskennzahlen                  │  │   │
│  │  └─────────────────────────────────────────────────┘  │   │
│  │  ┌─────────────────────────────────────────────────┐  │   │
│  │  │  Berechnung Umschlagskennzahlen                │  │   │
│  │  └─────────────────────────────────────────────────┘  │   │
│  │  ┌─────────────────────────────────────────────────┐  │   │
│  │  │  Berechnung Finanzstrukturkennzahlen           │  │   │
│  │  └─────────────────────────────────────────────────┘  │   │
│  ┌───────────────────────────────────────────────────────┐   │
│  │  AUSGABE                                             │   │
│  │  ┌─────────────────────────────────────────────────┐  │   │
│  │  │  Bilanz und GuV                                │  │   │
│  │  └─────────────────────────────────────────────────┘  │   │
│  │  ┌─────────────────────────────────────────────────┐  │   │
│  │  │  Kennzahlen                                    │  │   │
│  │  └─────────────────────────────────────────────────┘  │   │
│  └───────────────────────────────────────────────────────┘   │
└─────────────────────────────────────────────────────────────┘
```

Unterprogramme werden in APL wie Funktionen bzw. Operatoren behandelt, d.h. durch bloßen Aufruf ihres Namens innerhalb einer Programmzeile mit eventueller Übergabe von Argumenten zum Ablauf gebracht. Das Hauptprogramm hat somit folgenden Aufbau:

```
       ∇BILANZANA
[1]   ⍝ ***********************************************************
[2]   ⍝ * FUNKTION : HAUPTPROGRAMM KENNZAHLENANALYSE            *
[3]   ⍝ * UNTERPROGRAMME : EINGABE, VERARBEITUNG, AUSGABE       *
[4]   ⍝ * VERSION  : 18.07                                      *
[5]   ⍝ ***********************************************************
[6]    EINGABE
[7]    EIN←VERARBEITUNG
[8]    AUSGABE  EIN
[9]    ∇
```

Im nächsten Schritt sind die im Hauptprogramm aufgerufenen Unterprogramme zu programmieren, also die Programme EINGABE, VERARBEITUNG und AUSGABE, wobei die Ergebnisse von VERARBEITUNG auf die Variable EIN geschrieben werden, die bei Aufruf von AUSGABE als Argument übergeben wird.

```
       ∇EINGABE
[1]    ⍝ ****************************************************************
[2]    ⍝ *  FUNKTION  :  EINGABE BILANZ SOWIE G. UND V.-RECHNUNG    *
[3]    ⍝ *  VERSION   :  18.07                                      *
[4]    ⍝ ****************************************************************
[5]    'BIITE GEBEN SIE DIE FOLGENDEN WERTE EIN :'
[6]    ' '
[7]    'B  I  L  A  N  Z'
[8]    ' '
[9]    M1:'GRUNDSTUECKE UND GEBAEUDE:'
[10]   →(0>GUG←1↑⎕)/M1
[11]   M2:'MASCHINEN:'
[12]   →(0>MAS←1↑⎕)/M2
[13]   M3:'BETRIEBS- UND GESCHAEFTSAUSSTATTUNG:'
[14]   →(0>BUG←1↑⎕)/M3
[15]   M4:'FUHRPARK:'
[16]   →(0>FUP←1↑⎕)/M4
[17]   M5:'BETEILIGUNGEN:'
[18]   →(0>BET←1↑⎕)/M5
[19]   M6:'FERTIGE ERZEUGNISSE:'
[20]   →(0>FEE←1↑⎕)/M6
[21]   M7:'UNFERTIGE ERZEUGNISSE:'
[22]   →(0>UFE←1↑⎕)/M7
[23]   M8:'WERKSTOFFE:'
[24]   →(0>WER←1↑⎕)/M8
[25]   M9:'FORDERUNGEN:'
[26]   →(0>FOR←1↑⎕)/M9
[27]   M10:'WERTPAPIERE:'
[28]   →(0>WEP←1↑⎕)/M10
[29]   M11:'BARMITTEL:'
[30]   →(0>BAR←1↑⎕)/M11
[31]   M12:'SONSTIGES UMLAUFVERMOEGEN:'
[32]   →(0>SUM←1↑⎕)/M12
[33]   ' '
[34]   M13:'GRUNDKAPITAL:'
[35]   →(0>GKA←1↑⎕)/M13
[36]   M14:'RUECKLAGEN:'
[37]   →(0>RLA←1↑⎕)/M14
[38]   M15:'LANGFRISTIGE DARLEHN:'
[39]   →(0>LDA←1↑⎕)/M15
[40]   M16:'KURZGRISTIGE BANKKREDITE:'
[41]   →(0>KBK←1↑⎕)/M16
[42]   M17:'LIEFERANTENVERBINDLICHKEITEN:'
[43]   →(0>LIV←1↑⎕)/M17
[44]   ' '
[45]   'G E W I N N  -  U N D  V E R L U S T R E C H N U N G'
[46]   ' '
[47]   M18:'UMSATZERLOESE:'
[48]   →(0>UMS←1↑⎕)/M18
[49]   'BESTANDSAENDERUNGEN FERTIGER ERZEUGNISSE:'
[50]   BFE←1↑⎕
[51]   'BESTANDSAENDERUNGEN UNFERTIGER ERZEUGNISSE:'
[52]   BUE←1↑⎕
[53]   M19:'NEUTRALE ERTRAEGE:'
[54]   →(0>NER←1↑⎕)/M19
[55]   M20:'FERTIGUNGSMATERIALKOSTEN:'
[56]   →(0>FMK←1↑⎕)/M20
[57]   M21:'FERTIGUNGSLOEHNE:'
[58]   →(0>FEL←1↑⎕)/M21
[59]   M22:'FERTIGUNGSGEMEINKOSTEN:'
[60]   →(0>FGK←1↑⎕)/M22
[61]   M23:'   DAVON ABSCHREIBUNGEN:'
[62]   →((FAB>FGK)∨0>FAB←1↑⎕)/M23
```

```
[63]  M24:'FREMDKAPITALZINSEN:'
[64]  →(O>FKZ←1↑[])/M24
[65]  M25:'VERWALTUNGS- UND VERTRIEBSKOSTEN:'
[66]  →(O>VVK←1↑[])/M25
[67]  M26:'   DAVON ABSCHREIBUNGEN:'
[68]  →((VAB>VVK)∨O>VAB←1↑[])/M26
[69]  M27:'AUSSERORDENTLICHER AUFWAND:'
[70]  →(O>AOA←1↑[])/M27
[71]  'RUECKLAGENVERAENDERUNG:'
[72]  RLV←1↑[]
[73]  ∇
```

Vom Benutzer sollen nacheinander die einzelnen Bilanz- bzw. GuV-Positionen
gefüllt werden. Jedes eingelesene Element wird zusätzlich einer Plausibili-
tätskontrolle unterzogen. Es wird festgelegt, daß nur jeweils ein Element
eingelesen wird und dieses nicht negativ sein darf. Sonst erfolgt eine erneute Aufforderung zur Eingabe durch Rückverzweigung zur jeweiligen Marke.

```
      ∇EIN←VERARBEITUNG
[1]   ⋀ ***********************************************************
[2]   ⋀ * FUNKTION : STUERUNG KENNZAHLENANALYSE - VERARBEITUNGS- *
[3]   ⋀ *            TEIL                                         *
[4]   ⋀ * UNTERPROGRAMME: AUFBEREITUNG, ERFOLG, UMSCHLAG, FINANZ *
[5]   ⋀ * EXPLIZITES ERGEBNIS: KENNZIFFER GEWAEHLTE KENNZAHLEN   *
[6]   ⋀ * VERSION  : 18.07                                       *
[7]   ⋀ ***********************************************************
[8]   AUFBEREITUNG
[9]   M1:'WELCHE KENNZAHLEN SOLLEN BERECHNET WERDEN ?'
[10]  'ERFOLG          => 1'
[11]  'UMSCHLAG        => 2'
[12]  'FINANZSTRUKTUR  => 3'
[13]  'ALLE            => 4'
[14]  'KEINE           => 0'
[15]  →(~∨/(⁻1+ι5)∊EIN←1↑[])/M1
[16]  →(EIN= 0 2 3)/0,M2,M3
[17]  ERFOLG
[18]  →(EIN=1)/0
[19]  M2:UMSCHLAG
[20]  →(EIN=2)/0
[21]  M3:FINANZ
[22]  ∇
```

Das Programm VERARBEITUNG bereitet zunächst die Bilanz und die GuV-Rechnung
auf (Unterprogramm AUFBEREITUNG). Ob Kennzahlen berechnet werden, hängt von
der Eingabe des Benutzers in Zeile 15 ab. Das Programm weist diese Eingabe
als explizites Ergebnis auf (Variable EIN), damit bei der später erfolgen-
den Ausgabe bekannt ist, welche Kennzahlen berechnet und anschließend ausgegeben werden sollen.

```
       ∇AUFBEREITUNG
[ 1 ]   ⍝ **************************************************
[ 2 ]   ⍝ * FUNKTION : AUFBEREITUNG BILANZ UND GUV        *
[ 3 ]   ⍝ * VERSION  : 18.07                              *
[ 4 ]   ⍝ **************************************************
[ 5 ]   ⍝ BILANZ
[ 6 ]   AVG←GUG+MAS+BUG+FUP+BET
[ 7 ]   UVG←FEE+UFE+WER+FOR+WEP+BAR+SUM
[ 8 ]   BSA←AVG+UVG
[ 9 ]   EK←GKA+RLA
[10]    FK←LDA+KBK+LIV
[11]    BSP←EK+FK
[12]    BGB←BSA-BSP
[13]    BSP←BSA
[14]    ⍝ GEWINN- UND VERLUSTRECHNUNG
[15]    GL←UMS+BFE+BUE
[16]    ROE←GL-FMK
[17]    GE←ROE+NER
[18]    GA←FEL+FGK+FKZ+VVK+AOA
[19]    JUB←GE-GA
[20]    BGW←JUB+RLV
[21]    ∇
```

Das vorstehende Programm berechnet alle Größen der Bilanz und GuV-Rechnung, die für die Ausgabe und die Berechnung der Kennzahlen benötigt werden.

Als weitere Programme sind ERFOLG, UMSCHLAG und FINANZ zur Berechnung der jeweiligen Kennzahlen zu programmieren.

```
       ∇ERFOLG
[ 1 ]   ⍝ **************************************************
[ 2 ]   ⍝ * FUNKTION : BERECHNUNG ERFOLGSKENNZAHLEN       *
[ 3 ]   ⍝ * VERSION  : 18.07                              *
[ 4 ]   ⍝ **************************************************
[ 5 ]   ERF←4⍴0
[ 6 ]   ⍝ UMSATZRENTABILITAET
[ 7 ]   ERF[1]←100×(GL-FMK+GA-AOA)÷UMS
[ 8 ]   ⍝ EIGENKAPITALRENTABILITAET
[ 9 ]   ERF[2]←100×JUB÷EK
[10]    ⍝ GESAMTKAPITALRENTABILITAET
[11]    ERF[3]←100×(JUB+FKZ)÷BSP
[12]    ⍝ CASH-FLOW
[13]    ERF[4]←(BGB+AOA+VAB+FAB+RLV)-NER
[14]    ∇
       ∇UMSCHLAG
[ 1 ]   ⍝ ********************************************************
[ 2 ]   ⍝ * FUNKTION : BERECHNUNG UMSCHLAGSKENNZAHLEN           *
[ 3 ]   ⍝ * VERSION  : 18.07                                    *
[ 4 ]   ⍝ ********************************************************
[ 5 ]   UMK←UMS÷(BSP,FEE,WER,FOR,LIV)+1E70×(BSP,FEE,WER,FOR,LIV)=0
[ 6 ]   ∇

       ∇FINANZ
[ 1 ]   ⍝ ********************************************************
[ 2 ]   ⍝ * FUNKTION : BERECHNUNG FINANZSTRUKTURKENNZAHLEN      *
[ 3 ]   ⍝ * VERSION  : 18.07                                    *
[ 4 ]   ⍝ ********************************************************
[ 5 ]   FIN←3⍴0
[ 6 ]   FIN[1]←100×EK÷BSP
[ 7 ]   FIN[2]←100×(EK+LDA)÷AVG
[ 8 ]   FIN[3]←(WEP+BAR+SUM+FOR)÷LIV+KBK
[ 9 ]   ∇
```

Die Ausgabefunktion AUSGABE im Hauptprogramm BILANZANA ruft zunächst die

Funktion BILGUV auf, welche die aufbereitete und strukturierte Bilanz sowie

GuV-Rechnung ausgibt:

```
        ∇AUSGABE  EIN
[1]    ⍝ *************************************************************
[2]    ⍝ * FUNKTION : STUERUNG AUSGABE                              *
[3]    ⍝ * UNTERPROGRAMME: BILGUV, KENN                             *
[4]    ⍝ * PARAMETER: EIN = GEWUENSCHTE KENNZIFFERN                 *
[5]    ⍝ * VERSION  : 18.07                                         *
[6]    ⍝ *************************************************************
[7]     BILGUV
[8]    →(EIN=0)/0
[9]     KENN EIN
[10]   ∇
```

```
        ∇BILGUV
[1]    ⍝ *********************************************************
[2]    ⍝ * FUNKTION : AUSGABE BILANZ SOWIE GUV                   *
[3]    ⍝ * VERSION  : 18.07                                      *
[4]    ⍝ *********************************************************
[5]     AUS← 24 68 ρ' '
[6]     AUS[1;⍳ρT]←T←(22ρ' '),'B I L A N Z   (IN 1000 DM)'
[7]     AUS[3;⍳ρT]←T←(5ρ' '),'AKTIVA',(30ρ' '),'PASSIVA'
[8]     AUS[4;]←68ρ'-'
[9]     AUS[5;⍳ρT]←T←'ANLAGEVERMOEGEN',(20ρ' '),'EIGENKAPITAL'
[10]    T←(9ρ' '),'GRUNDKAPITAL',(9ρ' '), 5 0 ⍕GKA
[11]    AUS[7;⍳ρT]←T←'GRUNDST.UND GEBAEUDE ',(5 0 ⍕GUG),T
[12]    T←(9ρ' '),'RUECKLAGEN',(11ρ' '), 5 0 ⍕RLA
[13]    AUS[8;⍳ρT]←T←'MASCHINEN',(12ρ' '),(5 0 ⍕MAS),T
[14]    T←(29ρ' '),(6ρ'-'), 6 0 ⍕EK
[15]    AUS[9;⍳ρT]←T←'BETR.-U.GESCH.AUSST. ',(5 0 ⍕BUG),T
[16]    AUS[10;⍳ρT]←T←'FUHRPARK',(13ρ' '), 5 0 ⍕FUP
[17]    AUS[11;⍳ρT]←T←'BETEILIGUNGEN',(8ρ' '), 5 0 ⍕BET
[18]    T←(5 0 ⍕AVG),(3ρ' '),'FREMDKAPITAL'
[19]    AUS[12;⍳ρT]←T←(20ρ' '),(6ρ'-'),(' '),T
[20]    T←(20ρ' '),'LANGFRISTIGE DARLEHN ', 5 0 ⍕LDA
[21]    AUS[14;⍳ρT]←T←'UMLAUFVERMOEGEN',T
[22]    AUS[15;⍳ρT]←T←(35ρ' '),'KURZFRISTIGE BANKKR. ', 5 0 ⍕KBK
[23]    T←(9ρ' '),'LIEFERANTENVERBINDL. ', 5 0 ⍕LIV
[24]    AUS[16;⍳ρT]←T←'WERKSTOFFE',(11ρ' '),(5 0 ⍕FEE),T
[25]    T←(29ρ' '),(6ρ'-'), 5 0 ⍕FK
[26]    AUS[17;⍳ρT]←T←'FORDERUNGEN',(10ρ' '),(5 0 ⍕FOR),T
[27]    AUS[18;⍳ρT]←T←'WERTPAPIERE', 15 0 ⍕WEP
[28]    T←(9ρ' '),'BILANZGEWINN', 14 0 ⍕BGB
[29]    AUS[19;⍳ρT]←T←'BARMITTEL  ',(10ρ' '),(5 0 ⍕BAR),T
[30]    AUS[20;⍳ρT]←T←'SON. UMLAUFVERMOEGEN ', 5 0 ⍕SUM
[31]    AUS[21;⍳ρT]←T←(20ρ' '),(6ρ'-'), 6 0 ⍕UVG
[32]    AUS[22;⍳ρT]←T←67ρ(27ρ' '),(5ρ'-'),3ρ' '
[33]    AUS[23;⍳ρT]←T←67ρ(27ρ' '),(5 0 ⍕BSA),3ρ' '
[34]    AUS[24;⍳ρT]←T←67ρ(27ρ' '),(5ρ'='),3ρ' '
[35]    AUS←(24ρ'|'),AUS,24ρ'|'
[36]    AUS[2+⍳22;35]←'|'
[37]    AUS
[38]    5 1 ρ' '
```

```
[39]    AUS1← 28 65 ρ' '
[40]    T←'G E W I N N -  U N D  V E R L U S T R E C H N U N G (1000 DM
[41]    AUS1[1;ιρT]←T
[42]    AUS1[2;]←65ρ'-'
[43]    AUS1[3;ιρT]←T←'UMSATZERLOESE', 47 0 ₮UMS
[44]    AUS1[5;ιρT]←T←'BESTANDSVERAENDERUNG ERZEUGNISSE', 28 0 ₮BFE+BUE
[45]    AUS1[6;ιρT]←T←(50ρ' '),15ρ'-'
[46]    AUS1[7;ιρT]←T←'GESAMTLEISTUNG', 46 0 ₮GL
[47]    T←'AUFWENDUNGEN FUER ROH-, HILFS- UND BETRIEBSSTOFFE'
[48]    AUS1[8;ιρT]←T←T, 11 0 ₮FMK
[49]    AUS1[9;ιρT]←T←(50ρ' '),15ρ'-'
[50]    AUS1[10;ιρT]←T←'ROHERTRAG', 51 0 ₮ROE
[51]    AUS1[11;ιρT]←T←'SONSTIGE ERTRAEGE', 43 0 ₮NER
[52]    AUS1[12;ιρT]←T←(50ρ' '),15ρ'-'
[53]    AUS1[13;ιρT]←T←₮ 60 0 ₮ROE+NER
[54]    AUS1[14;ιρT]←T←(50ρ' '),15ρ'-'
[55]    AUS1[16;ιρT]←T←'LOEHNE UND GEHAELTER', 40 0 ₮FEL
[56]    AUS1[17;ιρT]←T←'ABSCHREIBUNGEN', 46 0 ₮FAB+VAB
[57]    AUS1[18;ιρT]←T←'ZINSEN UND AEHNLICHE AUFWENDUNGEN', 27 0 ₮FKZ
[58]    AUS1[19;ιρT]←T←'SONSTIGE AUFWENDUNGEN', 39 0 ₮FGK+VVK-FAB+VAB
[59]    AUS1[20;ιρT]←T←(50ρ' '),15ρ'-'
[60]    AUS1[21;ιρT]←T←₮ 60 0 ₮GA
[61]    AUS1[22;ιρT]←T←(50ρ' '),15ρ'-'
[62]    AUS1[23;ιρT]←T←'JAHRESUEBERSCHUSS', 43 0 ₮JUB
[63]    →(RLV≥0)ρM1
[64]    AUS1[24;ιρT]←T←'ENTNHAMEN AUS DEN RUECKLAGEN', 32 0 ₮RLV
[65]    →M1+1
[66]  M1:AUS1[24;ιρT]←T←'EINSTELLUNG IN DIE RUECKLAGEN', 31 0 ₮RLV
[67]    AUS1[25;ιρT]←T←(50ρ' '),15ρ'-'
[68]    ± 11 -11[1+BGW≥0]↑'T←''VERLUST''   T←''GEWINN '''
[69]    AUS1[26;ιρT]←T←('BILANZ',T), 47 0 ₮BGW
[70]    AUS1[28;]←65ρ'-'
[71]    AUS1←(28 2 ρ'| '),AUS1,28ρ'|'
[72]    AUS1[2+ι25;52]←25ρ'|'
[73]    AUS1
[74]    ∇
```

Die nachstehende Funktion KENN zur Ausgabe der Kennzahlen wird nur dann aufgerufen, wenn die Ergebnisvariable (EIN) der Funktion VERARBEITUNG größer als
Null ist.

```
      ∇KENN EIN
[1]   ₦ *************************************************
[2]   ₦ * FUNKTION : AUSGABE KENNZAHLEN                 *
[3]   ₦ * VERSION  : 18.07                              *
[4]   ₦ *************************************************
[5]    →(EIN= 2 3)/M2,M3
[6]    5 1 ρ' '
[7]    'ERFOLGSKENNZAHLEN'
[8]    ' '
[9]    'UMSATZRENTABILITAET:', 16 2 ₮ERF[1]
[10]   'EIGENKAPITALRENTABILITAET:', 10 2 ₮ERF[2]
[11]   'GESAMTKAPITALRENTABILITAET:', 9 2 ₮ERF[3]
[12]   'CASH FLOW', 27 2 ₮ERF[4]
[13]   2 1 ρ' '
[14]   →(EIN=1)/0
[15] M2:'UMSCHLAGSKENNZHALEN'
[16]   ' '
```

```
[17]    'KAPITALUMSCHLAG:', 20 2 ∓UMK[1]
[18]    'UMSCHLAG FERTIGWARENLAGER:', 10 2 ∓UMK[2]
[19]    'UMSCHLAG WERKSTOFFLAGER:', 12 2 ∓UMK[3]
[20]    'UMSCHLAG FORDERUNGEN:', 15 2 ∓UMK[4]
[21]    'UMSCHLAG LIEFERANTENVERBINDL.:', 6 2 ∓UMK[5]
[22]    2 1 ρ' '
[23]    →(EIN=2)/0
[24] M3:'FINANZSTRUKTURKENNZAHLEN'
[25]    ''
[26]    'EIGENKAPITALQUOTE:', 18 2 ∓FIN[1]
[27]    'DECKUNGSGRAD B    :', 18 2 ∓FIN[2]
[28]    'LIQUIDITAET 1.GRADES:', 15 2 ∓FIN[3]
[29]    ∇
```

Die Ausführung des Programmsystems führt zu folgendem beispielhaften Dialog:

```
        BILANZANA
BITTE GEBEN SIE DIE FOLGENDEN WERTE EIN :

B  I  L  A  N  Z

GRUNDSTUECKE UND GEBAEUDE:
□:
        480
MASCHINEN:
□:
        2400
BETRIEBS- UND GESCHAEFTSAUSSTATTUNG:
□:
        520
FUHRPARK:
□:
        100
FERTIGE ERZEUGNISSE:
□:
        1525
UNFERTIGE ERZEUGNISSE:
□:
        325
WERKSTOFFE:
□:
        650
FORDERUNGEN:
□:
        1000
WERTPAPIERE:
□:
        0
BARMITTEL:
□:
        20
SONSTIGES UMLAUFVERMOEGEN:
□:
        80

GRUNDKAPITAL:
□:
        2000
```

```
RUECKLAGEN:
□:
     500
LANGFRISTIGE DARLEHN:
□:
     1000
KURZFRISTIGE BANKKREDITE:
□:
     2200
LIEFERANTENVERBINDLICHKEITEN:
□:
     1500

G E W I N N -  U N D  V E R L U S T R E C H N U N G

UMSATZERLOESE:
□:
     14030
BESTANDSAENDERUNGEN FERTIGER ERZEUGNISSE:
□:
     375
BESTANDSAENDERUNGEN UNFERTIGER ERZEUGNISSE:
□:
     ⁻25
NEUTRALE ERTRAEGE:
□:
     220
FERTIGUNGSMATERIALKOSTEN:
□:
     3800
FERTIGUNGSLOEHNE:
□:
     4100
FERTIGUNGSGEMEINKOSTEN:
□:
     4200
   DAVON ABSCHREIBUNGEN:
□:
     700
FREMDKAPITALZINSEN:
□:
     200
VERWALTUNGS- UND VERTRIEBSKOSTEN:
□:
     1800
   DAVON ABSCHREIBUNGEN:
□:
     200
AUSSERORDENTLICHER AUFWAND:
□:
     0
RUECKLAGENVERAENDERUNG:
□:
     0
WELCHE KENNZAHLEN SOLLEN BERECHNET WERDEN ?
ERFOLG          => 1
UMSCHLAG        => 2
FINANZSTRUKTUR  => 3
ALLE            => 4
KEINE           => 0
□:
     1
```

```
|                    B I L A N Z   (IN 1000 DM)                     |
|                                                                   |
|      AKTIVA                    |            PASSIVA               |
|--------------------------------|----------------------------------|
|ANLAGEVERMOEGEN                 | EIGENKAPITAL                     |
|                                |                                  |
|GRUNDST.UND GEBAEUDE    480     | GRUNDKAPITAL          2000       |
|MASCHINEN              2400     | RUECKLAGEN             500       |
|BETR.-U.GESCH.AUSST.    520     |                      ------  2500|
|FUHRPARK                100     |                                  |
|BETEILIGUNGEN           600     |                                  |
|                      ------ 4100| FREMDKAPITAL                    |
|                                |                                  |
|UMLAUFVERMOEGEN                 | LANGFRISTIGE DARLEHN  1000       |
|                                | KURZFRISTIGE BANKKR.  2200       |
|WERKSTOFFE             1525     | LIEFERANTENVERBINDL.  1500       |
|FORDERUNGEN            1000     |                      ------  4700|
|WERTPAPIERE               0     |                                  |
|BARMITTEL                20     | BILANZGEWINN           500       |
|SON. UMLAUFVERMOEGEN     80     |                                  |
|                      ------ 3600|                                 |
|                       -----    |                      -----       |
|                       7700     |                       7700       |
|                       =====    |                       =====      |
```

```
| G E W I N N -  U N D  V E R L U S T R E C H N U N G (1000 DM)     |
| ---------------------------------------------------------------- |
| UMSATZERLOESE                                   |   14030   |
|                                                 |           |
| BESTANDSVERAENDERUNG ERZEUGNISSE                |     350   |
|                                                 |-----------|
| GESAMTLEISTUNG                                  |   14380   |
| AUFWENDUNGEN FUER ROH-, HILFS- UND BETRIEBSSTOFFE|    3800   |
|                                                 |-----------|
| ROHERTRAG                                       |   10580   |
| SONSTIGE ERTRAEGE                               |     220   |
|                                                 |-----------|
|                                                 |   10800   |
|                                                 |-----------|
|                                                 |           |
| LOEHNE UND GEHAELTER                            |    4100   |
| ABSCHREIBUNGEN                                  |     900   |
| ZINSEN UND AEHNLICHE AUFWENDUNGEN               |     200   |
| SONSTIGE AUFWENDUNGEN                           |    5100   |
|                                                 |-----------|
|                                                 |   10300   |
|                                                 |-----------|
| JAHRESUEBERSCHUSS                               |     500   |
| EINSTELLUNG IN DIE RUECKLAGEN                   |       0   |
|                                                 |-----------|
| BILANZGEWINN                                    |     500   |
|                                                 |           |
```

ERFOLGSKENNZAHLEN

```
UMSATZRENTABILITAET:              2.00
EIGENKAPITALRENTABILITAET:       20.00
GESAMTKAPITALRENTABILITAET:       9.09
CASH FLOW:                     1180.00
```

1.5.3 Rekursive Funktionen

Rekursive Funktionen sind vom Anwender definierte Funktionen, die sich selbst
mehrmals wieder aufrufen können, d.h. eine Funktion ist Unterprogramm von
sich selbst. Anwendungen für rekursive Funktionen ergeben sich immer dann,
wenn ein Algorithmus mehrfach durchlaufen wird und bei jedem Durchlauf Ergebnisse des vorherigen Durchlaufes als Argumente eingesetzt werden.

Beispiel: Bei der Analyse von Zeitreihen sind häufig die Differenzen jeweils
aufeinanderfolgender Perioden von Interesse. Denn hieraus lassen
sich u.U. wichtige Rückschlüsse auf die weitere Entwicklung der jeweiligen Zeitreihe ziehen. Folgende Umsatzreihe (in 1000 DM) soll
analysiert werden:
122 120 118 115 120 125 130 134 129 127
128 128

Zur Bildung der Differenzenreihe werden die (i-1)ten Werte von den (i)ten
Werten subtrahiert:

Umsatz in 1000 DM pro Monat	Veränderung zum Vormonat
122	-2
120 120	-2
118 118	-3
115 115	5
120 120	5
125 125	5
130 130	5
134 134	-5
129 129	-2
127 127	1
128 128	0
128	

Zur Berechnung einer beliebigen Differenzenreihe dient das folgende Programm, wobei das linke Argument die Anzahl der rekursiven Aufrufe und das
rechte Argument die Zeitreihenwerte enthält.
Vor dem Programm ist zunächst der Programmablaufplan nach DIN 66001 für dieses Problem abgebildet:

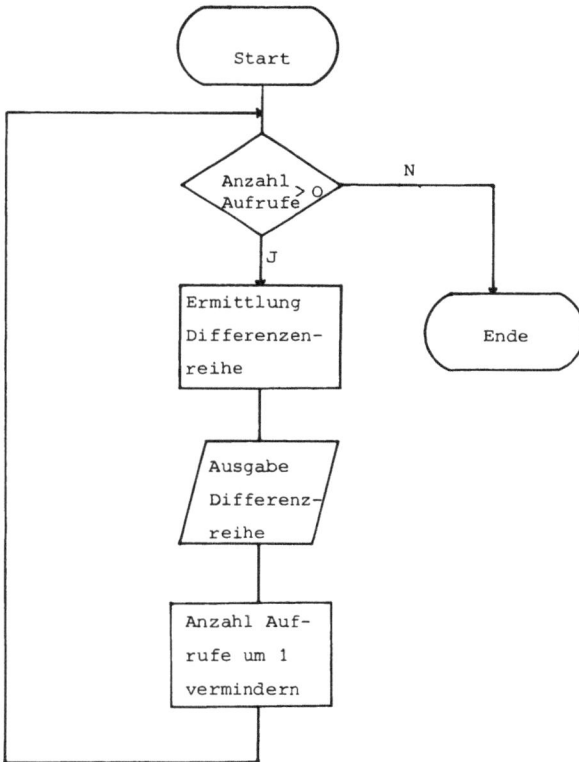

```
                        ┌─────────────┐
                        │    Start    │
                        └─────────────┘
                               │
                               ▼
                          ╱─────────╲              N
                         ╱  Anzahl   ╲ ───────────────┐
                         ╲  Aufrufe>O ╱               │
                          ╲─────────╱                 │
                               │ J                    │
                               ▼                       ▼
                        ┌─────────────┐        ┌─────────────┐
                        │ Ermittlung  │        │    Ende     │
                        │ Differenzen-│        └─────────────┘
                        │ reihe       │
                        └─────────────┘
                               │
                               ▼
                         ╱───────────╱
                        ╱  Ausgabe  ╱
                       ╱ Differenz- ╱
                      ╱   reihe    ╱
                      ╱───────────╱
                               │
                               ▼
                        ┌─────────────┐
                        │ Anzahl Auf- │
                        │ rufe um 1   │
                        │ vermindern  │
                        └─────────────┘
```

Programm:

```
        ∇X DIFF REIHE
[ 1]  ⍝ ***********************************************************
[ 2]  ⍝ * FUNKTION: BERECHNUNG DER X-TEN DIFFERENZENREIHE         *
[ 3]  ⍝ * PARAMETER: REIHE = WERTE, AUS DENEN DIFFERENZEN-        *
[ 4]  ⍝ *                     REIHE GEBILDET WERDEN SOLL          *
[ 5]  ⍝ *            X       = ORDNUNG DER ZU BILDENDEN DIFF.     *
[ 6]  ⍝ * UNTERPROGRAMME: DIFF (REKURSIV)                         *
[ 7]  ⍝ * VERSION : 24.07.85                                      *
[ 8]  ⍝ ***********************************************************
[ 9]  →(X≤0)/0
[10]  REIHE←(1↓REIHE)-⁻1↓REIHE
[11]  []←'DIFFERENZENREIHE:'
[12]  ⍕REIHE
[13]  X←X-1
[14]  X DIFF REIHE
[15]  ∇
```

In Anweisungszeile 14 erfolgt der rekursive Aufruf derselben Funktion in
der vom linken Argument X vorgeschriebenen Häufigkeit. Das rechte Argument
enthält die bereits berechneten Differenzen der ursprünglichen Zeitreihen-

werte. Berechnet man die 2. Differenz der obigen Umsatzwerte, so ergibt sich
bei entsprechendem Programmaufruf:

```
      2 DIFF 122 120 118 115 120 125 130 134 129 127 128 128
DIFFERENZENREIHE:
¯2 ¯2 ¯3 5 5 5 4 ¯5 ¯2 1 0
DIFFERENZENREIHE:
0 ¯1 8 0 0 ¯1 ¯9 3 3 ¯1
```

Die zweite Differenzenreihe weist zwei deutliche Spitzen auf (+8 beim dritten
und ¯9 beim siebten Wert). Da die erste Differenzenreihe quasi den Trend der
Ursprungsreihe darstellt, bedeuten die beiden Spitzen, daß sich hier der
Trend in den Umsätzen deutlich umkehrt, während er in der übrigen Zeit relativ stabil bleibt.

1.6 Verarbeitung von Tabellen - ein Planungsproblem

In APL bietet es sich an, Probleme möglichst in Tabellen bzw. Matrizen ab-
zubilden. So ergibt sich bei dem folgenden Beispiel, in dem die Monatsumsätze (1200, 1550, 1600, 1500, 1405, 1350, 1420, 1400, 1500, 1720, 1835 und
1700) quartalsweise summiert werden sollen, die effizienteste Lösung durch
Formulierung in Matrizenform:

1. Möglichkeit (Skalar)

$$QRT1 \leftarrow JAN+FEB+MAE$$

$$QRT2 \leftarrow APR+MAI+JUN$$

$$QRT3 \leftarrow JUL+AUG+SEP$$

$$QRT4 \leftarrow OKT+NOV+DEZ$$

Dabei sind in den einzelnen Variablen die Monatsumsätze in skalarer Form enthalten.

2. Möglichkeit (Vektor)

Sind dagegen alle Monatsumsätze in einem Jahresvektor enthalten, ergibt sich:

$$QRT1 \leftarrow +/JAHR[\iota 3]$$

$$QRT2 \leftarrow +/JAHR[3+\iota 3]$$

$$QRT3 \leftarrow +/JAHR[6+\iota 3]$$

$$QRT4 \leftarrow +/JAHR[9+\iota 3]$$

3. Möglichkeit (Matrix)

Verwendet man für die Umsatzwerte eine in 4 Zeilen und 3 Spalten strukturierte Matrix, so wird zur Lösung lediglich eine Anweisung benötigt:

$QRT \leftarrow +/4 \quad 3\rho JAHR$

In diesem Fall werden die Quartalssummen einem Vektor mit vier Elementen zugewiesen.

Im folgenden wird die Anwendung der Tabellenverarbeitung an einem komplexeren
Problem dargestellt.

1.6.1 Problemstellung und Lösungsentwurf

Die ELEKTRA AG steht vor dem Problem, ihre Kapazität auszuweiten. Als Alternativen stehen zwei Kraftwerkstypen zur Auswahl, von denen Typ A in 5 Jahren
und Typ B in 10 Jahren fertiggestellt werden kann. Aus finanziellen und orga-
nisatorischen Gründen kann zu einem Zeitpunkt immer nur ein Kraftwerk gebaut
werden. Der Bau eines Kraftwerkes ist jedesmal mit einer Kapitalerhöhung verbunden. Für einen Planungshorizont von 20 Jahren ergeben sich eine Reihe von
Problemen:
a) Welche Kombinationen sind möglich, Kraftwerke zu bauen?
b) Welche Kapitalerhöhungen sind mit jedem Entscheidungsweg verbunden?
c) Wie entwickeln sich die zusätzlich zur Verfügung stehenden Leistungen?
d) Wie groß sind die Wahrscheinlichkeiten, zu einem bestimmten Zeitpunkt
   eine bestimmte Entscheidung zu treffen?

ad a) Zur Lösung des Problems, welche Kombinationen existieren Kraftwerke zu
      bauen, wird ein Entscheidungsbaum konstruiert. Dabei soll ferner noch
      gelten, daß zum Zeitpunkt O auf jeden Fall ein Kraftwerkbau begonnen
      wird und daß eine Entscheidung, kein Kraftwerk zu bauen, zu späteren
      Zeitpunkten immer eine Reichweite von 5 Jahren besitzt. Im folgenden
      Entscheidungsbaum bedeuten:

   ● 2   Entscheidung für Kraftwerkstyp B in Periode i
         (mit i = O, 5, 1O, 15)
   ● 1   Entscheidung für Kraftwerkstyp A in Periode i
         (mit i = O, 5, 1O, 15)
   ● O   Entscheidung in Periode i, kein Kraftwerk in den nächsten
         fünf Jahren zu bauen (mit i = 5, 1O, 15)

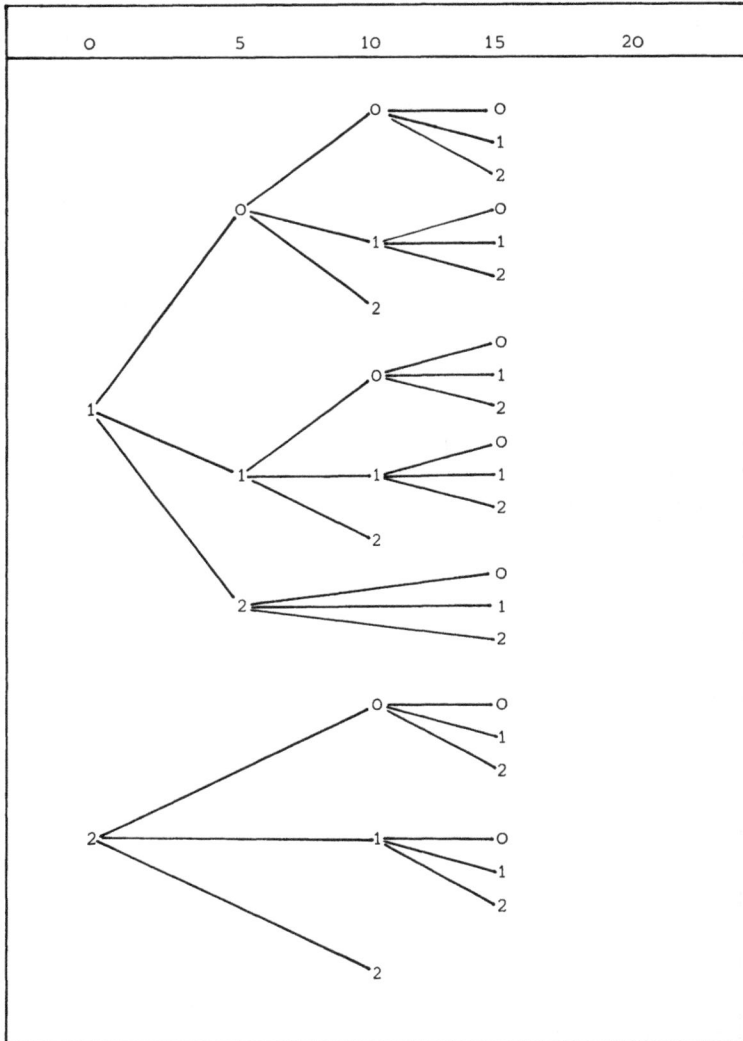

Abb. 18: Entscheidungsbaum der ELEKTRA AG

Eine Matrix, die alle Entscheidungen bzw. alle Entscheidungswege berücksichtigt, besteht aus 24 Zeilen - entsprechend der möglichen Anzahl von Entschei-
dungswegen - und 4 Spalten. Jede Spalte entspricht dabei einem Entscheidungs-
zeitpunkt. Zu Entscheidungszeitpunkten, an denen aufgrund der höheren Reich-
weite der Entscheidung für einen Kraftwerksbau des Typs B keine neue Entschei-
dung möglich ist, weist die Matrix eine Null in der entsprechenden Koordinate
auf:

```
1   0   0   0
1   0   0   1
1   0   0   2
1   0   1   0
1   0   1   1
1   0   1   2
1   0   2   0
1   1   0   0
1   1   0   1
1   1   0   2
1   1   1   0
1   1   1   1
1   1   1   2
1   1   2   0
1   2   0   0
1   2   0   1
1   2   0   2
2   0   0   0
2   0   0   1
2   0   0   2
2   0   1   0
2   0   1   1
2   0   1   2
2   0   2   0
```

ad b) Die vorzunehmende Kapitalerhöhung beträgt bei einer Entscheidung für
den Bau eines Kraftwerkes des Typs A 10 Mio. DM und bei einer Entscheidung zugunsten Typ B 15 Mio. DM. Ferner ist eine jährliche Inflations-
rate in Höhe von 5 Prozent zu berücksichtigen, die sich dementsprechend
auf die Kapitalerhöhung auswirkt. Zur Lösungsfindung ist die obige Entscheidungsmatrix mit den entsprechenden inflationierten Kapitalerhöhungen zu gewichten.

ad c) Die durch den Bau von Kraftwerken zusätzlich gewonnene Leistung steht
natürlich erst nach Fertigstellung des Kraftwerks zur Verfügung. Sie
beläuft sich bei Kraftwerk A auf 300 Gigawattstunden (GWh) und bei
Kraftwerk B auf 500 GWh.
Ein Lösungsentwurf besteht darin, die Entscheidungsmatrix mit den o.g.
Leistungen entsprechend zu verarbeiten, d.h. in eine Leistungsmatrix
umzuformen. Dazu wird eine Spalte mit Nullen an die Matrix vorne ange-
fügt, weil zum Zeitpunkt 0 keine zusätzlichen Leistungen bereitgestellt
werden. Da bei Entscheidungen für ein Kraftwerk des Typs B dessen Leistung erst nach 10 Jahren zur Verfügung steht, sind in den Zeilen, in
denen auf eine 2 eine 0 folgt, diese beiden Ziffern zu vertauschen, um
die Leistung nicht schon während der Bauphase zuzuordnen. Zusätzlich
müssen die Zweien in der letzten Spalte durch Nullen ersetzt werden,
weil die Leistung im betrachteten Plänungshorizont von 20 Jahren nicht
mehr zustande kommt.

ad d) Für die langfristige Personal- und Finanzplanung sind die Wahrscheinlichkeiten, mit denen eine bestimmte Entscheidung zu einem bestimmten
Zeitpunkt anfallen kann, von Interesse. Jeder Entscheidungsweg hat zunächst die gleiche Wahrscheinlichkeit, nämlich 1/24.

Zur Lösungsfindung ist jede Spalte für die drei Alternativen (Bau Kraftwerk A, Bau Kraftwerk B und Bauverzicht) zu analysieren und die entsprechenden Wahrscheinlichkeiten zu berechnen.

1.6.2 Problemlösungen

Zur Lösung der Teilprobleme aus Abschnitt 1.6.1 wird zunächst die Entschei-
dungstabelle der Matrix TA, die aus 24 Zeilen und 4 Spalten besteht, zugewiesen. Für die vorzunehmende Kapitalerhöhung ergibt sich die folgende APL-Anweisung:

$$KAP \leftarrow (10 \times TA = 1) + 15 \times TA = 2$$

Auf eine Matrix KAP (die dieselbe Struktur wie TA besitzt) wird bei einer Entscheidung für den Bau eines Kraftwerkes Typ B an jeder Stelle, wo TA eine 2
enthält, eine 15 (= Kapitalerhöhung in Höhe von 15 Mio. DM) zugewiesen. Bei
Entscheidung für Typ A, in TA durch eine 1 dargestellt, wird eine 10 für 10
Mio. DM Kapitalerhöhung zugewiesen.

Sollen die Inflationsraten berücksichtigt werden, so kann dies durch folgende
Anweisung bewirkt werden:

```
      []←7  2∓INFKAP←KAP×24  4ρ1.05*0 5 10 15
   10.00    0.00    0.00    0.00
   10.00    0.00    0.00   20.79
   10.00    0.00    0.00   31.18
   10.00    0.00   16.29    0.00
   10.00    0.00   16.29   20.79
   10.00    0.00   16.29   31.18
   10.00    0.00   24.43    0.00
   10.00   12.76    0.00    0.00
   10.00   12.76    0.00   20.79
   10.00   12.76    0.00   31.18
   10.00   12.76   16.29    0.00
   10.00   12.76   16.29   20.79
   10.00   12.76   16.29   31.18
   10.00   12.76   24.43    0.00
   10.00   19.14    0.00    0.00
   10.00   19.14    0.00   20.79
   10.00   19.14    0.00   31.18
   15.00    0.00    0.00    0.00
   15.00    0.00    0.00   20.79
   15.00    0.00    0.00   31.18
   15.00    0.00   16.29    0.00
   15.00    0.00   16.29   20.79
   15.00    0.00   16.29   31.18
   15.00    0.00   24.43    0.00
```

Durch Aufsummierung der einzelnen Zeilen lassen sich die inflationierten Kapitalerhöhungen pro Entscheidungsweg ablesen:

```
        []←8  2⍉V←12  2ρ+/INFKAP
      10.00    30.79
      41.18    26.29
      47.08    57.47
      34.43    22.76
      43.55    53.95
      39.05    59.84
      70.24    47.20
      29.14    49.93
      60.33    15.00
      35.79    46.18
      31.29    52.08
      62.47    39.43
```

So ist der Entscheidungsweg 3, also der Bau eines Kraftwerks Typ A in Periode O und der Bau eines Kraftwerks Typ B in Periode 15, mit Kapitalerhöhungen in Höhe von 41.18 Mio. DM verbunden.

Zur Berechnung der zusätzlichen Leistungen sind die folgenden Programmschritte nötig:

```
       ∇LEIST;IND;LST;V;W
[1]    ⍝ ***********************************************************
[2]    ⍝ * FUNKTION: AUSWERTUNGEN DES ENTSCHEIDUNGSBAUMS ELEKTRA AG *
[3]    ⍝ * VERSION : 24.07.85                                       *
[4]    ⍝ ***********************************************************
[5]    ⍝ ERSETZEN VON 2 DURCH O IN DER LETZTEN SPALTE
[6]    LST←TA
[7]    LST[(LST[;4]=2)/⍳24;4]←0
[8]    ⍝ AUFREIHUNG ZU EINEM VEKTOR
[9]    V←,LST
[10]   ⍝ POSITIONEN DER 2 SPEICHERN UND JEDE 2 DURCH EINE O ERSETZEN
[11]   V[IND←(V=2)/⍳ρV]←0
[12]   ⍝ JEDER DIESER POSITIONEN FOLGENDEN STELLEN EINE 2 ZUWEISEN
[13]   V[IND+1]←2
[14]   ⍝ TRANSFORMATION DES VEKTORS IN URSPRUENGLICHE FORM
[15]   LST← 24 4 ρV
[16]   ⍝ ANFUEGEN EINER SPALTE MIT NULLEN
[17]   LST←(24ρ0),LST
```

Hinweis: Eine sehr wirksame Anweisungskonstruktion wird in Zeile 11 benutzt. Sollen nur die Elemente eines Vektors angesprochen werden, die eine bestimmte Bedingung erfüllen, so läßt sich das Problem folgendermaßen in allgemeiner Form lösen:

VEKTOR [(BEDINGUNG) / ⍳ ρ VEKTOR] ← AUSDRUCK

Vollendet man das obige Programm um die Ausgabe der Leistungsmatrix und bringt es dann zur Ausfürung, so ergibt sich die nachstehende Leistungsmatrix:

```
[18]  ⋒ AUSGABE DER LEISTUNGSMATRIX
[19]  LST←((LST=1)×300)+(LST=2)×500
[20]  '              PERIODE'
[21]  ((6ρ' '),(6 0 ⍕5×-1+⍳5)),[0.5](6ρ' '),30ρ'-'
[22]  (24 4 ρ'ALT.'),(24 2 ρ 2 0 ⍕⍳24), 6 0 ⍕LST
```

		PERIODE			
	0	5	10	15	20
ALT. 1	0	300	0	0	0
ALT. 2	0	300	0	0	300
ALT. 3	0	300	0	0	0
ALT. 4	0	300	0	300	0
ALT. 5	0	300	0	300	300
ALT. 6	0	300	0	300	0
ALT. 7	0	300	0	0	500
ALT. 8	0	300	300	0	0
ALT. 9	0	300	300	0	300
ALT.10	0	300	300	0	0
ALT.11	0	300	300	300	0
ALT.12	0	300	300	300	300
ALT.13	0	300	300	300	0
ALT.14	0	300	300	0	500
ALT.15	0	300	0	500	0
ALT.16	0	300	0	500	300
ALT.17	0	300	0	500	0
ALT.18	0	0	500	0	0
ALT.19	0	0	500	0	300
ALT.20	0	0	500	0	0
ALT.21	0	0	500	300	0
ALT.22	0	0	500	300	300
ALT.23	0	0	500	300	0
ALT.24	0	0	500	0	500

Die Entscheidung, welche Baukombination gewählt wird, muß sich an einer Referenzlinie orientieren. Diese Referenzlinie gibt den Mindestbedarf an zusätzlicher Leistung in den einzelnen Perioden an.

$$REF←0 \ \ 300 \ \ 300 \ \ 700 \ \ 1000$$

Zur Feststellung, welche Alternativen dieser Restriktion genügen, sind nachfolgende Schritte vorzunehmen:

```
[23]  ⋒ AUSGABE DER KUMULIERTEN LEISTUNGEN
[24]  '              PERIODE'
[25]  ((6ρ' '),(6 0 ⍕5×-1+⍳5)),[0.5](6ρ' '),30ρ'-'
[26]  (24 4 ρ'ALT.'),(24 2 ρ 2 0 ⍕⍳24), 6 0 ⍕+\LST
```

Dieser Programmteil führt bei Ausführung der Funktion zur Ausgabe einer Matrix mit den kumulierten Leistungen; daran anschließend ist der Programmteil zur Prüfung des Einhaltens der Referenzlinie wiedergegeben:

```
                    PERIODE
              0      5     10     15     20
          ------------------------------------
ALT. 1      0     300    300    300    300
ALT. 2      0     300    300    300    600
ALT. 3      0     300    300    300    300
ALT. 4      0     300    300    600    600
ALT. 5      0     300    300    600    900
ALT. 6      0     300    300    600    600
ALT. 7      0     300    300    300    800
ALT. 8      0     300    600    600    600
ALT. 9      0     300    600    600    900
ALT.10      0     300    600    600    600
ALT.11      0     300    600    900    900
ALT.12      0     300    600    900   1200
ALT.13      0     300    600    900    900
ALT.14      0     300    600    600   1100
ALT.15      0     300    300    800    800
ALT.16      0     300    300    800   1100
ALT.17      0     300    300    800    800
ALT.18      0       0    500    500    500
ALT.19      0       0    500    500    800
ALT.20      0       0    500    500    500
ALT.21      0       0    500    800    800
ALT.22      0       0    500    800   1100
ALT.23      0       0    500    800    800
ALT.24      0       0    500    500   1000
```

```
[27]  ⍝ PRUEFUNG, OB DIE REFERENZLINIE EINGEHALTEN WIRD
[28]    PV←∧/(24 5 ρREF)≤+\LST
[29]  ⍝ BESTIMMUNG UND AUSGABE DER KOMBINATIONEN, DIE DIE
[30]  ⍝ REFERENZLINIE ERFUELLEN
[31]    ' FOLGENDE KOMBINATIONEN ERFUELLEN DIE REFERENZLINIE :'
[32]    (((+/PV),12)ρ'KOMBINATION '),⍕((+/PV),1)ρPV/ιρPV
```

```
FOLGENDE KOMBINATIONEN ERFUELLEN DIE REFERENZLINIE :
KOMBINATION 12
KOMBINATION 16
```

Die Wahrscheinlichkeiten, mit denen eine Alternative zu einem Entscheidungs-
zeitpunkt zur Realisierung gelangt, werden in dem folgenden das Programm ab-
schließenden Programmteil berechnet und ausgegeben:

```
[33]  ⍝ BERECHNUNG DER WAHRSCHEINLICHKEITEN, EINE ALTERNATIVE
[34]  ⍝ IN EINEM ZEITPUNKT ZU REALISIEREN
[35]    W←⍀((+/TA=0),[1](+/TA=1),[0.5](+/TA=2))÷24
[36]    '              ALTERNATIVE'
[37]    ''
[38]    'JAHR    KEIN BAU    BAU TYP A    BAU TYP B'
[39]    (2 0 ⍕ 4 1 ρ5×¯1+ι4), 12 3 ⍕W
[40]    ∇
```

ALTERNATIVE

JAHR	KEIN BAU	BAU TYP A	BAU TYP B
0	.000	.708	.292
5	.583	.292	.125
10	.500	.375	.125
15	.417	.292	.292

So beträgt z.B. die Wahrscheinlichkeit, ein Kraftwerk vom Typ B zu bauen, in Periode Null 7/24 und in Periode 5 1/8.

Zur Lösung obiger Teilprobleme haben sich die Funktionen und Operatoren

- Äußeres Produkt,
- Reduzieren,
- Aufstufen,
- Schichten und
- Aufreihen

als sehr nützlich erwiesen. Die hier vorgestellten Auswertungen stellen nur einen kleinen Ausschnitt aus den Möglichkeiten zur Tabellenverarbeitung dar. Es sollte gezeigt werden, daß es vorteilhaft ist, Probleme möglichst in Tabellen- bzw. Matrizenform zu verarbeiten, da hierdurch die Mächtigkeit von APL-Funktionen und -Operatoren erst vollständig genutzt wird.

2. Der Einsatz von APL-Standardsoftware

Unter Software wird die Gesamtheit aller Programme einer Rechenanlage verstanden. Bei der Softwareerstellung lassen sich grundsätzlich drei Alternativen unterscheiden:

- Eigenerstellung
- Fremderstellung
- Fremdbezug

Dabei bedeutet Eigenerstellung von Software, daß innerhalb des eigenen Betriebes Problemlösungen programmiert werden. Bei der Fremderstellung von
Software wird der Auftrag zur Programmierung eines Problems auf Externe übertragen. Die letzte Möglichkeit bildet der Bezug von Standardsoftware, d.h.
von bereits fertiggestellten Programmen, die für mehrere Anwender konzipiert
wurden.
Die Vor- und Nachteile der drei Alternativen sind in der folgenden Abbildung
zusammengefaßt:

Eigenerstellung		Fremderstellung		Fremdbezug	
Vorteile	Nachteile	Vorteile	Nachteile	Vorteile	Nachteile
• zuge-schnittene Problemlö-sung (auf betrieb-liche Er-forder-nisse an-gepaßt) • hohe Akzeptanz	• zeitauf-wendig • personal-intensiv • u.U. wird Anwendungs-stau ver-größert	• indivi-duelle Lösung • Einspa-rung von Perso-nalkapa-zitäten eigener Mitar-beiter	• Einar-beitung in Betriebs-spezifika nötig • teuer • zeit-aufwen-	• sofort verfügbar • bewährt • Kauf-preis im Vergleich zu Kosten bei Eigen-oder Fremdent-wicklung relativ niedrig	• eventuell Anpassung nötig • u.U. wenig flexibel, da für viele Anwender erstellt

Abb. 19: Vor- und Nachteile alternativer Softwaregestaltung

In APL fallen aufgrund seiner besonderen Merkmale die Nachteile der Eigenerstellung im wesentlichen fort, so daß man sich häufig für die Eigenerstellung von APL-Programmen entscheiden wird. Es empfiehlt sich trotzdem, für komplexere Probleme (insbesondere, wenn diese mehrfach auftreten), Standardsoftware zu beziehen und in das vorhandene APL-System zu integrieren.

Im Rahmen dieses Buches ist es nicht möglich, die gesamte Bandbreite der APL-Standardsoftware zu behandeln. Stellvertretend dafür wird jedoch der prinzipielle Umgang mit fremdbezogener APL-Software demonstriert. Die dabei ausgewählten, in der betrieblichen Praxis häufig auffindbaren Anwendungsbereiche sind:

- graphische Aufbereitung betrieblicher Sachverhalte und Verarbeitungsergebnisse,
- Zugriff auf größere, für mehrere Anwender zugängliche Datenbestände,
- statistische Analyse und Auswertung von Zeitreihen.

2.1 Graphiken - Präsentation der Geschäftsentwicklung

In diesem Abschnitt soll die Lösung einer konkreten Aufgabenstellung unter Zuhilfenahme eines APL-Graphikpaketes erfolgen. Die graphische Aufbereitung wird in Form von

- Kurven,
- Balkendiagrammen und
- Kuchendiagrammen

durchgeführt.

2.1.1 Aufgabenstellung

Für das Wasserwerk HZWEIO GmbH sollen im Rahmen einer Präsentation der Geschäftsentwicklung die Wasserabsatzmengen der Jahre 1983 und 1984 analysiert werden.
Die Aufgabenstellung beinhaltet die Durchführung der folgenden Teilaktivitäten:

a) Dauerlinie des täglichen Wasserabsatzes erstellen,
b) Vergleich der Absatzentwicklung von Industriekunden und sonstigen Kunden,
c) Vergleich der monatlichen Wasserabsatzmengen 1984 mit den Vorjahreswerten,
d) kundengruppenbezogene Aufteilung der Jahresverbräuche für 1984.

2.1.2 Lösung der Aufgabe mit GRAPHPAK

Die Lösung der o.b. Aufgabe geschieht aus pragmatischen Gründen mit Hilfe des Standardprogrammpaketes GRAPHPAK von IBM. Dieses aus APL-Programmen bestehende Werkzeug kann vom Anwender aus einer öffentlichen Bibliothek geladen werden (vgl. Teil 3, Abschnitt 4.3). GRAPHPAK ist nicht allgemein anwendbar, sondern nur in Verbindung mit APL. Zusätzlich wird ein spezielles Modul zur Bildschirmverwaltung benötigt. Die Übergabe der Daten und Steuerargumente kann entweder menuegesteuert oder parametrisiert erfolgen. Die parametrisierte Lösung der Teilaktivitäten gestaltet sich dann wie folgt:

```
a)
        ∇DAUERPLOT
[1]     ⍝ ****************************************************************
[2]     ⍝ * FUNKTION: DAUERLINIEN DES WOECHENTLI. WASSERABSATZES  *
[3]     ⍝ * VERSION : 24.07.85                                    *
[4]     ⍝ ****************************************************************
[5]     ERASE
[6]     ⍝ WERTEBEREICH FESTLEGEN
[7]     W← 0 850000 104 1350000
[8]     ⍝ POSITIONIERUNG DES BILDES AUF BILDSCHIRM
[9]     SVP← 12 10 90 66
[10]    ⍝ DAUERLINIE DER DATEN ERZEUGEN
[11]    'SA' SPLOT,+/ 104 7 ⍴WASSER
[12]    ⍝ Y-ACHSE SKALIEREN
[13]    0 LBLY 0.9 1 1.1 1.2 1.3
[14]    ⍝ X-ACHSE AN DEN POSITIONEN  3 ,15 ETC. MIT 'JAN','APR',
[15]    ⍝ 'JUL','OKT' BEZEICHNEN
[16]    WO← 3 15 28 42 56 68 81 95
[17]    MON←'JANAPRJULOKT'
[18]    WO LBLX 8 3 ⍴MON
[19]    (0,WO,104) AXIS 0
[20]    ⍝ JAHRESZAHLEN HINZUFUEGEN
[21]    30 3 2 WRITE '1983',(25⍴' '),'1984'
[22]    ⍝ Y←ACHSE BESCHRIFTEN
[23]    0 110000 ANNY ' MIO CBM'
[24]    ⍝ TITLE DER GRAFIK
[25]    TEXT←'DAUERLINIEN DER WOECHENTLICHEN'
[26]    TEXT←TEXT,'¨ABSATZMENGEN 1983 - 1984'
[27]    55 1350000 1 TITLE TEXT
[28]    ⍝ ZEIGEN DES ERZEUGTEN BILDES
[29]    VIEW
[30]    ∇
```

In dem vorliegenden Programm wurden zwei globale Variablen W und SVP aus GRAPHPAK verwendet, die die Bildschirmaufteilung steuern. Dabei legt SVP (Scaling Viewport) fest, welcher Teil des Bildschirms unabhängig von erläuternden Texten für die Graphik belegt wird. Die globale Variable W (Problem Space Window) spezifiziert, welcher Ausschnitt des gesamten Problems dargestellt werden soll (vgl. Abb. 20).

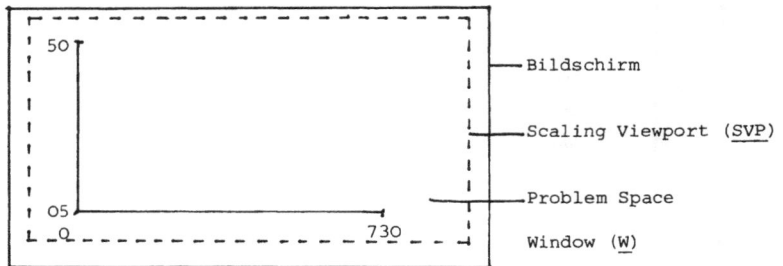

Abb. 20: Bildschirmaufteilung bei Einsatz von GRAPHPAK

Nach Ausführung des Programms wird die folgende Graphik erzeugt:

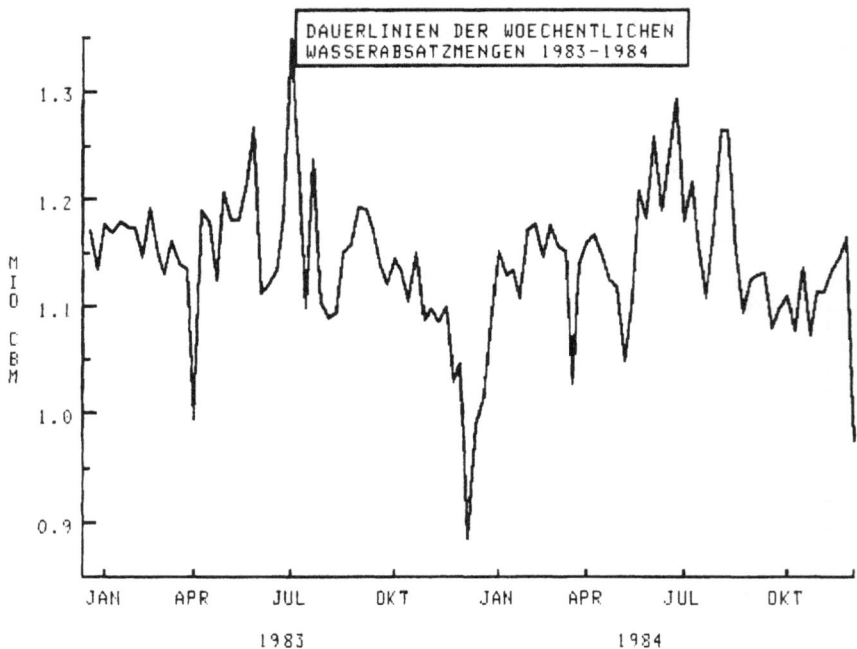

b) Um die Absatzentwicklung der Industriekunden mit der der sonstigen Kunden zu vergleichen, müssen im Programm DAUERPLOT nur geringfügige Änderungen vorgenommen werden:

```
         ∇DAUERPLOT1;GES;INS;WO;MON
[1]      ⍝ *********************************************************
[2]      ⍝ * FUNKTION: ANTEIL DER INDUSTRIE AN DER GESAMTABGABE   *
[3]      ⍝ * VERSION : 24.07.85                                   *
[4]      ⍝ *********************************************************
[5]      ERASE
[6]      ⍝ WERTEBEREICH FESTLEGEN
[7]      W← 0 0 104 1350000
[8]      ⍝ POSITIONIERUNG DES BILDES AUF BILDSCHIRM
[9]      SVP← 12 10 90 66
[10]     ⍝ ZEICHEN FUER SCHRAFFIERUNG FESTLEGEN
[11]     USE STYLE 3
[12]     ⍝ DARSTELLUNG GESAMTABGABE
[13]     'SFA' SPLOT GES←,+/ 104 7 ⍴WASSER
[14]     ⍝ AENDERUNG DER FLAECHENDARSTELLUNG
[15]     USE STYLE 5
[16]     ⍝ DARSTELLUNG INDUSTRIE
[17]     'SFA' SPLOT INS←,+/ 104 7 ⍴INDUS
[18]     USE STYLE 1
[19]     ⍝ DAUERLINIE DER DATEN ERZEUGEN
[20]     'SA' SPLOT GES AND INS
[21]     ⍝ Y-ACHSE SKALIEREN
[22]     0 LBLY 0.2×-1+⍳7
[23]     ⍝ X-ACHSE AN DEN POSITIONEN 3,15 ETC. MIT
[24]     ⍝ 'JAN',' APR','JUL','OKT' BEZEICHNEN
[25]     WO← 3 15 28 42 56 68 81 95
[26]     MON←'JANAPRJULOKT'
[27]     WO LBLX 8 3 ⍴MON
[28]     (0,WO,104) AXIS 0
[29]     ⍝ JAHRESZAHLEN HINZUFUEGEN
[30]     30 3 2 WRITE '1983',(25⍴' '),'1984'
[31]     ⍝ Y←ACHSE BESCHRIFTEN
[32]     0 110000 ANNY ' MIO CBM'
[33]     TEXT←'ANTEIL INDUSTRIE AN DER "GESAMTABGABE 1983-1984'
[34]     55 1350000 1 TITLE TEXT
[35]     52 250000 1 TITLE 'INDUSTRIE'
[36]     ⍝ ZEIGEN DES ERZEUGTEN BILDES
[37]     VIEW
[38]     ∇
```

Nach Aufruf von DAUERPLOT1 wird die nachstehende Graphik generiert:

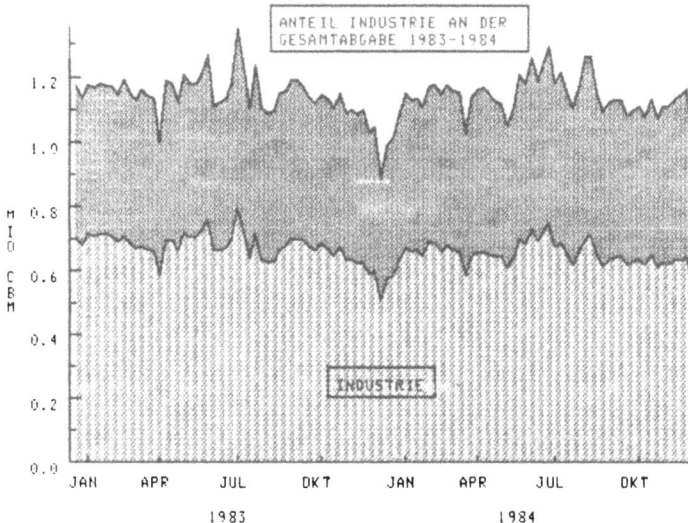

c) Um die Monatsdaten aus 1984 mit den Vorjahreswerten zu vergleichen, wird
   die Darstellung in Balkendiagrammen gewählt.

```
        ∇MONATSVG
[1]     ⍝ *****************************************************
[2]     ⍝ * FUNKTION: VERGLEICH DER MONATSABSAETZE 1983 - 1984   *
[3]     ⍝ * VERSION : 24.07.85                                   *
[4]     ⍝ *****************************************************
[5]      ERASE
[6]     ⍝ WERTEBEREICH FESTLEGEN
[7]      W← 0 0 12 1000000
[8]     ⍝ POSITIONIERUNG DES BILDES AUF BILDSCHIRM
[9]      SVP← 12 10 90 66
[10]    ⍝ DAUERLINIE DER DATEN ERZEUGEN
[11]     'SGE' CHART -4500000+⍀ 2 12 ⍴WASSERM
[12]    ⍝ Y-ACHSE SKALIEREN
[13]     0 LBLY 0.2×⍳6
[14]    ⍝ Y-ACHSE BESCHRIFTEN
[15]     0 50000 ANNY ' MIO CBM'
[16]    ⍝ X-ACHSE AN DEN POSITIONEN 1,2 ETC. MIT
[17]    ⍝ 'JAN','FEB','MAE','APR' BEZEICHNEN
[18]     (⍳12) LBLX 12 3 ⍴'JANFEBMAEAPRMAIJUNJULAUGSEPOKTNOVDEZ'
[19]    ⍝ UEBERSCHRIFT
[20]     3 1000000 1 TITLE 'VERGLEICH MONATSABSAETZE"        1983 - 1984'
[21]    ⍝ ZEIGEN DES ERZEUGTEN BILDES
[22]     VIEW
[23]     ∇
```

Die so entwickelte Lösung zur Teilaufgabe c) führt zu folgender Präsentations-
graphik:

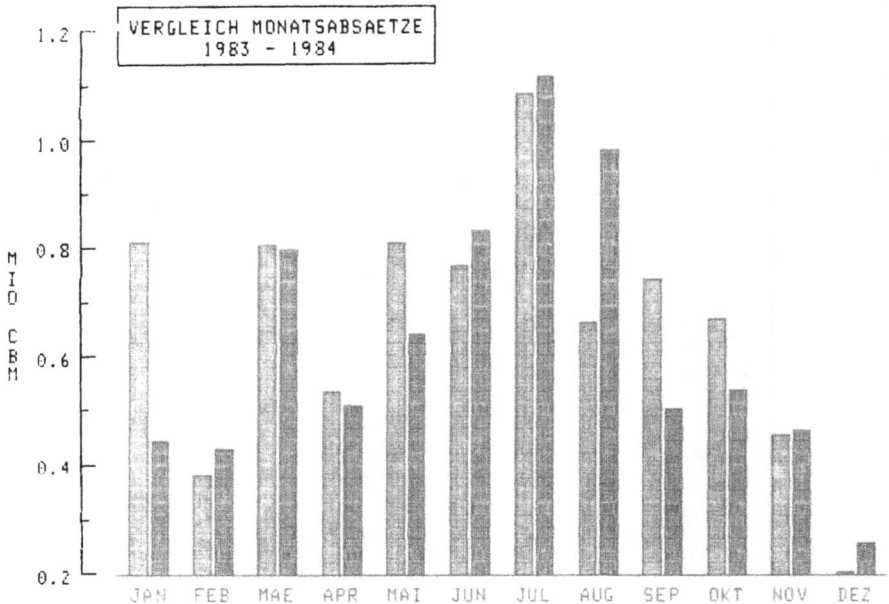

d) Die Aufteilung des Jahresverbrauches 1984 für die Kundengruppen Industrie,
Verkehr, Gewerbe, Öffentliche Einrichtungen und Private Haushalte wird
zweckmäßigerweise in einem Kuchendiagramm dargestellt:

```
         ∇ANTEIL;TEXT
[1]    ⋒ ***********************************************************
[2]    ⋒ * FUNKTION: STRUKTUR DER ABNEHMERGRUPPEN WASSER          *
[3]    ⋒ * VERSION : 24.07.85                                     *
[4]    ⋒ ***********************************************************
[5]    ERASE
[6]    W←SVP← 0 0 95 70
[7]    TEXT←'INDUSTRIEɪHAUSHALTEɪOEFFENTLICHEɪGEWERBEɪVERKEHR'
[8]    'FEP' PIECHART TEIL WITH TEXT
[9]    20 60 1 TITLE 'ANTEILE WASSERABGABE 1984'
[10]   VIEW
[11]   ∇
```

Nach Programmausführung erscheint das folgende Bild:

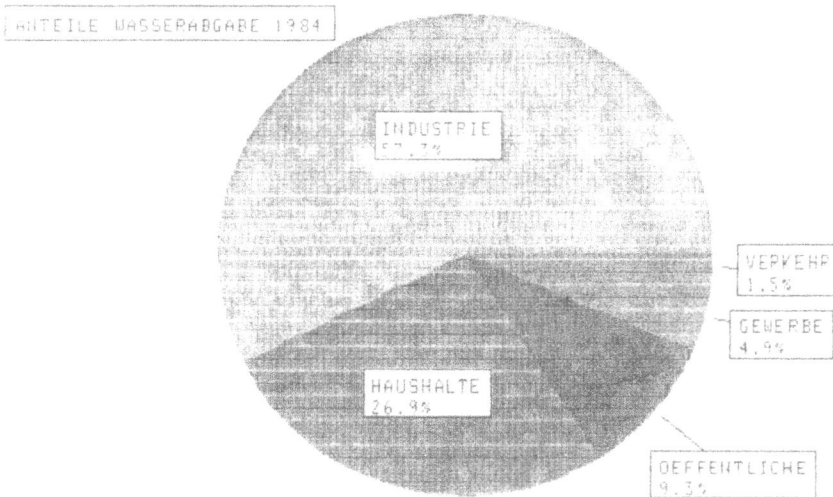

Zusammenfassend ist festzustellen, daß bei vielen Anwendungen die graphische
Darstellung aussagekräftiger ist als die rein numerische Ausgabe der Werte.
Dabei lassen sich aufgrund der vielfältigen Möglichkeiten der Graphikgestal-
tung keine Patentrezepte nennen. Das Hauptkriterium für die Gestaltung einer
Graphik ist in dem Zweck begründet, der mit ihrer Präsentation verbunden ist.
Hiermit ist aber auch die Gefahr gegeben, durch Auswahl von Darstellungsart,
Farben, Maßstäben und anderen Graphikkomponenten die Zielgruppe der Präsen-
tation in eine gewünschte Richtung zu manipulieren.

Weiterhin gilt, daß die Benutzung von Standardsoftwarepaketen zur graphischen Darstellung keine zusätzlichen Kenntnisse anlagenspezifischer Steuerbefehle erfordert. Es müssen lediglich die Konventionen über den Aufruf von Funktionen des Graphikpaketes bekannt sein.

2.2 Datenbanken - Auswertungen einer Verkaufsdatei

APL hat den Nachteil, daß die Verwaltung größerer Datenmengen wenig komfortabel und wirkungsvoll ist. Deshalb bietet es sich an, zusätzlich eine Datenbank mit entsprechendem Datenbankmanagementsystem einzusetzen. Durch Datenbanken wird es ermöglicht, bestimmte Daten für viele Benutzer zugänglich zu machen. Mit Hilfe von Datenbankmanagementsystemen (DBMS) kann der Anwender seine eigene Teilmenge aus den vorhandenen Daten nach bestimmten Kriterien selektieren.

Zur Verdeutlichung des Arbeitens mit einer Datenbank wird hier das Programm APLDI-II (IBM (Hrsg.), 1982) zugrundegelegt. Wie die ausführliche Bezeichnung von APLDI (= APL Data Interface) zeigt, handelt es sich hierbei um eine APL-spezifische Datenschnittstelle.

APLDI-II liefert zur Veranschaulichung seiner Arbeitsweise eine Testdatei mit, die auch für das folgende Beispiel verwendet wird. Jeder der 2000 Datensätze besteht aus den folgenden Datenfeldern:

- Produktnummer, 4stellig, numerisch
- Produkt, 10 Stellen, alphanumerisch (PROD)
- Farbe, 3 Stellen, alphanumerisch
- Größe, 1 Stelle, alphanumerisch
- Preis, 3stellig, numerisch (PRICE)
- Menge, 3stellig, numerisch (QTY)
- Bestelldatum, 4stellig, numerisch
- Lieferdatum, 4stellig, numerisch
- Kundennummer, 3stellig, numerisch
- Kundenname, 20 Stellen, alphanumerisch (CUST)
- Ort, 3 Stellen, alphanumerisch (CITY)
- Verkäufer, 10 Stellen, alphanumerisch (SALESMAN)
- Kosten, 3stellig, numerisch (COST)
- laufende Nummer, 4stellig, numerisch

Folgende Auswertungen sollen anhand dieser Datei vorgenommen werden:
a) Generieren einer Übersicht über die mengenmäßige und prozentuale Verteilung der Produkte an den Verkäufen,
b) Erstellen einer "Hitparade" der Verkäufer, sortiert nach den Verkäufernamen mit den entsprechenden Umsätzen,

c) Aufstellung verschiedener Deckungsbeitragsklassen pro Stück und Vertei-

   lung der Produkte in den einzelnen Klassen,

d) Erzeugen einer Übersicht aller Produkte des Verkäufers "Thomas" und

e) Abfrage der Großaufträge (Bestellmenge größer 50) für Tische und Schreib-

   tische des Verkäufers "Thomas".

Zur Lösung dieser Aufgabenstellungen muß APLDI zunächst mit)LOAD in den ak-

tuellen Arbeitsbereich geladen werden. Abfragen werden dann auf dieser Ebene

durch Aufruf der Funktion INQ getätigt. Bei jedem Funktionsaufruf muß ein ent-

sprechender Dateiname übergeben werden:

```
            INQ
FILENAME (S):'APLDI.DEMOSALE'
SELECTION:ALL
```

a) Die Auswertung soll über alle Datensätze erfolgen. Bei der nächsten Frage

   des Programms nach SELECTION muß daher ALL eingegeben werden. Der Funktions-

   name für die Ermittlung einer Häufigkeitsverteilung lautet FREQ und das

   Feld, nach dem selektiert werden soll, ist PROD.


```
    FUNCTION:FREQ
    FIELDS:PROD

    7:14    7/25/85    APL DATA INTERFACE
    '@PL.APLDI.DEMOSALE'(3/13/81);ALL ;FREQ

    PROD         VORKOMMEN  PROZENT  N = 2000

    CABINET          388      19.4
    CHAIR            422      21.1
    CREDENZA         373      18.6
    DESK             395      19.7
    TABLE            422      21.1
```

b) Zunächst werden mit Hilfe der Funktion SUM die Umsatzsummen aller Verkäu-

   fer berechnet und zur Erzeugung der Hitparade anschließend ausgegeben.

```
    SELECTION:ALL
    FUNCTION:SUM
    CONTROL FIELDS:SALESMAN
    FIELDS TO SUM:ΔUMSATZ:QTY×PRICE⊂UMSATZ

        SALESMAN      UMSATZ
        BOYLE         465420
        EVANS         289860
        HARRIS        215210
        JONES         378140
        PHILLIPS      256740
        REDHOUSE         450
        SMYTHE        423790
        THOMAS        422120
        WOLFE         387580
        WOODS         534440
        WRIGHT        474890
    TOTALS:          3848640
```

c) Die Einteilung der Deckungsbeiträge erfolgt in die Klassen

- kleiner gleich 0
- 1 bis 40,
- 41 bis 80 und
- größer 80

Die Verteilung der Produkte in den einzelnen Klassen wird durch die Funktion CROSS ermittelt:

```
SELECTION:SAME
FUNCTION:CROSS
ROW CLASS 1 (OR ROW FIELD):PROD0
COL CLASS 1 (OR COL FIELD):PRICE-COST≤0
COL CLASS 2:=1_  40
COL CLASS 3:=41_  80
COL CLASS 4:>80
COL CLASS 5:
TAB FIELDS:QTY×PRICE-COST
PERCENTAGES (Y OR N):N
```

```
7:50    7/25/85    APL DATA INTERFACE
'@PL.APLDI.DEMOSALE'  (3/13/81);ALL           ;CROSS   ;TAB:
```

	PRICE-COST				
PROD0	C1	C2	C3	C4	TOTAL
CABIN	0	390740	35320	43205	469265
CHAIR	0	20045	239140	36295	295480
CREDE	0	0	915360	0	915360
DESK	-50	0	0	1112600	1112550
TABLE	0	0	809100	0	809100
TOTAL	-50	410785	1998920	1192100	3601755

```
TIMES(SEC): ELAPSED = 89.4, CPU = 1.8, KEYING = 52.1
```

d) Im Gegensatz zu den bisherigen Abfragen über alle Datensätze soll jetzt lediglich der Verkäufer "Thomas" hinsichtlich der kumulierten Mengen und Deckungsbeiträge pro Produkt analysiert werden:

```
SELECTION:SALESMAN=THOMAS
FUNCTION:SUM
CONTROL FIELDS:PROD
FIELDS TO SUM:QTY,QTY×PRICE-COST⊂DB
```

```
7:53    7/25/85    APL DATA INTERFACE
'@PL.APLDI.DEMOSALE'  (3/13/81);SALESMAN=THOMAS   ;SUM
```

	PROD	QTY	DB
	CABINET	317	34885
	CHAIR	474	31430
	CREDENZA	397	100560
	DESK	403	111850
	TABLE	623	115080
TOTALS:		2214	393805

```
TIMES(SEC): ELAPSED = 41.5, CPU = 1.2, KEYING = 9.0
```

e) Aus der Abfrage unter d) ist ersichtlich, daß der Verkäufer "Thomas"
die höchsten Deckungsbeiträge durch Tische und Schreibtische erzielt. Deshalb soll eine Prüfung über die Großbestellmengen erfolgen:

```
SELECTION:(SALESMAN=THOMAS)∧(PROD=DESK,TABLE)∧QTY≥50
FUNCTION:PRINT
FIELDS:PROD,QTY,PRICE,COST,CUST,CITY,QTY×PRICE-COST⊂DB

8:5      7/25/85      APL DATA INTERFACE
'@PL.APLDI.DEMOSALE'     (3/13/81);(SALESMAN=THOMAS)∧(PROD=DESK,TABLE)
        ∧QTY≥50;PRINT
PROD        QTY   PRICE   COST   CUST               CITY        DB
TABLE        53    120      60   TEDS TIRES         DET       6300
TABLE        89    210     150   BOUNDS DESKS       CIN      18540
TABLE        54    180     120   HUEYS DISCOUNTS    CHI       9600
DESK         52    250     150   HORSES MOUTHS      CHI      12850
DESK         52    350     250   MATHEWS MUG        CIN      17950

TIMES(SEC): ELAPSED = 68.2, CPU = 1.7, KEYING = 16.5
```

2.3 Spezielle Software - Statistiksoftware zur Analyse und Auswertung volks-
wirtschaftlicher Zeitreihen

Neben den Funktionen und Operatoren aus dem Bereich der Statistik, die im
APL-Sprachumfang zur Verfügung stehen, sind auf dem Softwaremarkt zahlreiche
weitergehende Statistikpakete vorhanden. Diese Pakete sind häufig APL-spezi-
fisch, d.h. nur innerhalb des APL-Arbeitsbereiches verwendbar. Dazu muß sich
der Benutzer aus einer öffentlichen Bibliothek eine Kopie des betreffenden
Programmpaketes erstellen. Ein Vorteil von Standardsoftware im APL-Bereich
ist darin zu sehen, daß der Anwender im allgemeinen innerhalb des Quellpro-
gramms dieser Pakete Änderungen vornehmen kann. So können z.B. Ergebnisse,
die normalerweise als lokal vereinbart sind und für spätere Auswertungen benötigt werden, als globale Variablen deklariert werden und stehen damit auch
außerhalb des Programmpaketes für weitere Anwendungen zur Verfügung. Es muß
jedoch sichergestellt sein, daß der Anwender seine Version des Softwarepaketes
nicht in die öffentliche Bibliothek zurückschreiben kann.
Beispiel: Die verfügbaren Statistikpakete sind beispielsweise in der öffentlichen Bibliothek 2 vorhanden.

```
        )LIB 2
UPLX      STAT1      STAT2
        )LOAD 2 UPLX
SAVED 16:33:56 16-01-81
WSSIZE IS 654240


        )SAVE
INPROPER LIBERARY REFERENCE
```

Bei Ausführung dieses Befehlsablaufes kann zwar mit dem Softwarepa-
ket UPLX gearbeitet werden; es ist jedoch nicht möglich, das Programm zu sichern, wie die vorstehende Fehlermeldung zeigt. Soll das
u.U. geänderte Standardpaket für weitere Anwendungen z.B. in der pri-
vaten Bibliothek MEIN gesichert werden, so kann dies durch die nachstehende Befehlsfolge geschehen:

```
      )LOAD MEIN
SAVED 10:02:22 28-06-85
WSSIZE IS 652682
      )COPY 2 UPLX
SAVED 16:33:56 16-01-81
WSSIZE IS 654240
      )SAVE
SAVED 12:19:40 25-07-85
```

Zur Demonstration der Arbeitsweise eines Statistikpaketes soll die folgende
Problemstellung zugrunde gelegt werden:

Die ROCKY AG will für den Vorstand eine statistische Auswertung der gesamten
Branche "Gewinnung und Verarbeitung von Steinen und Erden" erstellen. Als Basis für diese Untersuchung dienen die folgenden Zeitreihen:

- Branchenbezogener Index der monatlichen Nettoproduktion,
- Auftragseingang,
- Wetter und
- Trend.

Der Nettoproduktionswert ist der branchenbezogene Wert der Bruttoproduktion
vermindert um die Vorleistungen. Dieser Nettoproduktionswert ist vor allem
abhängig vom Auftragseingang der Branche, vom Wetter, das durch die Anzahl
der Heizgradtage quantifiziert wird (vgl. S. 118) und von einer Trendkompo-
nente, die den technologischen Fortschritt berücksichtigt.

Im einzelnen werden vom Topmanagement folgende Auswertungen erwartet:

a) Aufstellung eines multiplen Regressionsmodelles zur Prognose der Branchen-
   entwicklung,

b) Analyse zeitlicher Zusammenhänge der Auftragseingangsreihe,

c) Ermittlung des Abhängigkeitsgrades zweier Variablen unter Konstanthaltung
   der übrigen Einflußgrößen.

a) Zur Lösung der oben beschriebenen Aufgabenstellung soll das Standardsoft-
   warepaket UPLX eingesetzt werden. Der Betrachtungszeitraum für die multiple
   Regressionsanalyse soll sich bei monatlichen Werten über fünf Jahre er-
   strecken. Zur Funktionsausführung müssen die zugrundeliegenden Daten derart strukturiert werden, daß sie beim Programmaufruf als Argumente übergeben werden können. Dazu wird eine Matrix generiert, deren Spalten den
   Zeitreihen und deren Zeilen den Beobachtungen entsprechen. Die letzte Spal-

te enthält die abhängige Variable, also in diesem Fall den Index der industriellen Nettoproduktion dieser Branche. Die restlichen Spalten beinhalten die unabhängigen Variablen.

Die Variable AUFTRAG entspricht der Zeitreihe des Auftragseingangs, HGT
den Heizgradtagen, (ι60) der Berechnung einer linearen Trendkomponenten
und NP dem Index der industriellen Nettoproduktion. Der Aufruf der Funktion für die multiple Regressionsanalyse lautet

$MULTDAT \leftarrow AUFTRAG, HGT, (\iota 60), [1.5]NP$

$YDACH \leftarrow REGR\ MULTDAT$
und führt zu folgender Ausgabe:

VAR/REGR.KOEFF/STD.FEHLER/T-WERT
1	1.009830046	0.04606565089	21.9215408
2	0.008463775263	0.005299821564	1.596992495
3	⁻0.05499660868	0.03007610825	⁻1.828581286

ACHSENABSCHNITT: ⁻1.716602006

SQ FIT	20358.43213
SQ RESID	831.1552008
SQ TOTAL	21189.58733
FREIH.GR.FIT	3
FREIH.GR.RESID	56
FREIH.GR.TOTAL	59
MITTL.QUADR.FIT	6786.144044
MITTL.QUADR.RESID	14.84205716
STD.ERR.ESTIMATE	3.852539053
F	457.223953
R*2	0.9607753003

UNTER DEM VARIABLENNAMEN "REG" IST EINE ANWEISUNG ZUR
VORHERSAGE FUER DIE UNTER "XU" (ALS VEKTOR ODER MATRIX) GESPEICHERTEN
WERTE DER UNABHAENGIGEN VARIABLEN VERFUEGBAR

Das explizite Ergebnis der Funktion REGR enthält die Berechnungsergebnisse
der abhängigen Variablen "Index der Nettoproduktion". Zusätzlich werden
verschiedene statistische Größen sowie weitere Verarbeitungshinweise ausgegeben. Zu einer detaillierten Interpretation der Ergebnisse sei auf die
entsprechenden Handbücher zu den Softwarepaketen (vgl. in diesem Fall: IBM
(Hrsg.), UPLX Anwendungshandbuch 1981) bzw. auf grundlegende Literatur der
Statistik/Ökonometrie verwiesen. Folgende Kurzerklärungen seien dennoch
zu der Ausgabe gegeben:

- Die obere Tabelle beinhaltet Angaben über Variablen, Regressionskoeffizienten, Standardfehler der Abweichung und den T-Wert:
  - dabei entsprechen die Variablennummern den Spalten der Ausgangsmatrix,
    also den unabhängigen Variablen;

- der Regressionskoeffizient gibt die Änderung der abhängigen Variablen bei Veränderung einer unabhängigen Variablen um eine Einheit (ceteris paribus) an;
- der Standardfehler ist ein Maß für die Abweichung der berechneten von den tatsächlichen Werten;
- aus der Division des Regressionskoeffizienten durch den Standardfehler erhält man den T-Wert. Dieser ist ein Maßstab dafür, wie intensiv der Einfluß der entsprechenden unabhängigen Variablen auf die abhängige Variable ist. Ein absoluter Wert größer zwei ist ein Indiz für einen starken Einfluß der entsprechenden Variablen.

- Die untere Tabelle behandelt verschiedene Kennzahlen für das gesamte Regressionsmodell:
  - dabei entspricht der F-Wert den oben erwähnten T-Werten, bezieht sich jetzt aber auf das gesamte Regressionsmodell. Wenn der F-Wert über einem, durch die Freiheitsgrade determinierten Wert liegt, so hat man einen Anhaltspunkt für ein brauchbares Modell;
  - das Bestimmtheitsmaß $R*2$ oder: Quadrat des multiplen Korrelationskoeffizienten gibt an, wie hoch der Anteil der durch das Modell erklärten Varianz (= Maß für die Abweichung der Werte vom Mittelwert) an der Gesamtvarianz ist.

Ein Vergleich der Ausgangsdaten mit den berechneten Werten liefert die folgende Ausgabe, wobei jeweils die obere Zeile die tatsächlichen und die untere Zeile die mit dem Modell berechneten Ergebnisse enthält:

	1980	1981	1982	1983	1984
JANUAR	68.1	85.5	100.3	113.1	110.7
	70.4	82.4	106.2	111.0	112.3
FEBRUAR	113.3	109.0	100.8	116.0	113.8
	115.9	113.9	100.4	113.0	119.2
MAERZ	99.1	70.9	51.3	68.2	86.1
	94.5	66.7	58.5	66.6	88.3
APRIL	105.7	104.6	107.4	103.6	93.9
	104.5	105.9	102.9	106.6	95.0
MAI	113.2	106.4	95.7	61.5	41.5
	107.3	104.5	89.0	60.4	45.5
JUNI	60.3	84.0	98.0	97.5	102.9
	55.7	85.9	96.0	91.9	99.5
JULI	89.0	89.3	104.5	96.6	91.5
	93.0	91.4	103.3	95.7	87.3

AUGUST	65.7	51.0	51.3	80.8	90.8
	70.3	54.3	50.6	84.9	89.3
SEPTEMBER	96.9	106.2	92.8	93.7	109.5
	95.8	103.4	93.4	99.0	108.6
OKTOBER	104.9	98.0	63.8	54.9	64.0
	101.8	91.5	64.7	56.1	63.1
NOVEMBER	80.8	92.5	100.6	98.8	96.8
	85.6	88.6	104.0	94.7	101.5
DEZEMBER	88.6	99.1	101.0	89.6	64.0
	98.2	96.8	104.4	86.0	62.1

b) Die zeitlichen Abhängigkeiten innerhalb der Auftragseingänge können durch Anwendung der Funktion AUTOFILTER ermittelt werden, was zu folgendem Dialog führt:

```
    VORH←AUTOFILTER MULTDAT[;1]
WELCHE MAXIMALE ANZAHL PERIODEN VERZOEGERUNG (LAG)?
[]:
      6
AUTOKORRELOGRAMM DER UNABHAENGIGEN VARIABLEN
(LAGS IN AUFSTEIGENDER ORDNUNG)


 1.00000
  .73572  1.00000
  .31101   .74767  1.00000
 -.07757   .32159   .74919  1.00000
 -.32558  -.08626   .30281   .73650  1.00000
 -.40956  -.34171  -.11782   .27906   .73494  1.00000
```

```
WELCHE VARIABLEN SOLLEN GESTRICHEN WERDEN?
GEBEN SIE DEREN LAGS ALS VEKTOR EIN. EVTL. NUR RUECKL.T.
```

LAG/REGR-KOEFF./T-WERT

1	1.043830451	7.43664772
2	-0.4663669207	-2.281988397
6	-0.2999430119	-2.122151235
5	0.2091987599	1.007894332
3	-0.1254003502	-0.5742203535
4	-0.06816416185	-0.3127871436

ACHSENABSCHNITT: 63.29674181

*R*2: 0.704615717

```
BERUECKSICHTIGUNG WELCHER VARIABLEN? GEBEN SIE DEREN
LAGS ALS VEKTOR EIN
⊔:
      1  2  6
```

```
SQ FIT                 13718.33754
SQ RESID                6022.9195
SQ TOTAL               19741.25704
FREIH.GR.FIT                   3
FREIH.GR.RESID                50
FREIH.GR.TOTAL               53
MITTL.QUADR.FIT         4572.779179
MITTL.QUADR.RESID        120.45839
STD.ERR.ESTIMATE          10.97535375
F                         37.96148345
R*2                        0.6949069915
```

```
VORHERSAGE FUER WIEVIEL PERIODEN GE?UENSCHT?
[]:
      12
DIE VORHERSAGEN SIND UNTER "VORH" GESPEICHERT
UNTER DEM VARIABLENNAMEN "WE" IST DER GEWICHTSVEKTOR
VERFUEGBAR
```

Die Interpretation der Ergebnisse lautet wie folgt:

● Nach Auswahl der maximalen Anzahl von Perioden wird ein Autokorrelo-
  gramm ausgegeben, das die einzelnen Korrelationskoeffizienten enthält,
  die die zeitlichen Verzögerungen betreffen. So zeigt z.B. der zweite
  Wert der zweiten Spalte (O.74767) den Zusammenhang zwischen den Zeitrei-
  henwerten mit 3 Perioden Verzögerung und den um 2 Perioden verzögerten
  Werten an; es besteht ein relativ hoher positiver Zusammenhang.

● Die dann folgende Tabelle enthält eine nach T-Werten absteigend sortier-
  te Aufstellung über Verzögerung (LAG), Regressionskoeffizienten und
  T-Wert. Zusätzlich wird das Absolutglied (Achsenabschnitt) der Regres-
  sionsgleichung sowie der multiple Regressionskoeffizient R^2 ausgegeben.

● Zur Berechnung der darauffolgenden Kennzahlen werden zunächst diejenigen Lags ausgewählt, die einen signifikant hohen T-Wert besitzen.

● Abschließend kann der Zeitraum für eine Prognose (in diesem Fall 12 Mo-
  nate) angegeben werden, deren Werte im Vektor VORH gespeichert sind:

```
      7  2≠2  6ρVORH
```

```
  59.25   69.98   84.27   92.19   95.74   99.35
 101.90  100.64   95.26   88.79   84.31   82.62
```

c) Die Interdependenzen aller Variablen können durch die partiellen Korrelationskoeffizienten mit Hilfe der Funktion PARTKOR gemessen werden:

PARTKOR MULTDAT
WIEVIELE DEZIMALSTELLEN DRUCKEN?
☐:
    4

1.0000
⁻.4579 1.0000
.1334 ⁻.2113 1.0000
.9464 .2087 ⁻.2374 1.0000

Die stärkste Korrelation in Höhe von 0.9464 weist der Auftragseingang
(erste Spalte) mit der Nettoproduktion (vierte Zeile) auf. Die partielle
Korrelation ⁻0.4579 in Zeile 2 (Heizgradtage) und Spalte 1 deutet darauf
hin, daß der Auftragseingang mit zunehmender Zahl an Heizgradtagen (also
sinkenden Temperaturen) abnimmt. Die übrigen Werte liegen nahe bei Null
und infolgedessen sind hier keine hohen Abhängigkeiten vorhanden.

Anhang

A. Übersicht über die APL-Funktionen und -Operatoren

SYNTAX	BEZEICHNUNG	SEITE
⌊ A	ABRUNDUNGSFUNKTION	29
∣ A	ABSOLUTBETRAG BILDEN	29
A + B	ADDITIONSFUNKTION	29
A F.F B	AEUSSERES PRODUKT	60
⍋ A	AKTIVIEREN	58
, A	AUFREIHUNGSFUNKTION	45
⌈ A	AUFRUNDUNGSFUNKTION	28
F\ A	AUFSTUFUNG	60
A ! B	BINOMIALKOEFFIZIENTENBILDUNG	34
⍒ A	DEAKTIVIEREN	56
ρ A	DIMENSION ZEIGEN	53
A ÷ B	DIVISIONSFUNKTION	30
A ↓ B	ENTFERNEN	55
A ↑ B	ENTNEHMEN	55
A ⊥ B	ENTSCHLUESSELN	58
A ∈ B	EXISTENZPRUEFUNG	40
A \ B	EXPANDIEREN	48
⋆ A	EXPONENTIALFUNKTION	33
! A	FAKULTAETSBILDUNG	33
A ⍕ B	FORMATIEREN	57
A [B]	INDIZIERUNG	54
⍳ A	INDEXVEKTOR-GENERATOR	41
A ∘.F B	INNERES PRODUKT	61

SYNTAX	BEZEICHNUNG	SEITE
A / B	KOMPRIMIEREN	47
A ○ B	KREISFUNKTIONENBILDUNG	36
A ● B	LOGARITHMIEREN	34
● A	LOGARITHMIEREN ZUR BASIS E	33
~ A	LOGISCHES NICHT	38
A ∨ B	LOGISCHES ODER	38
A ∧ B	LOGISCHES UND	37
A ⊞ B	LOESEN EINES LINEAREN GLEICHUNGSSYTEMS	35
⊞ A	MATRIXINVERSION	34
A ⌈ B	MAXIMUMERMITTLUNG	31
A ⌊ B	MINIMUMERMITTLUNG	32
○ A	MULTIPLIKATION MIT ππ	36
A × B	MULTIPLIKATIONSFUNKTION	30
A ι B	POSITIONSBESTIMMUNG	54
A ⋆ B	POTENZIEREN	31
F / A	REDUKTION	59
A ∣ B	RESTWERTBILDUNG	32
÷ A	REZIPROKFUNKTION	28
A Φ B / A ⊖ B	ROTATIONSFUNKTIONEN	50
▲ A / ▽ A	SORTIERINDEXBILDUNG	56
Φ A / ⊖ A / ⍉ A	SPIEGELUNGSFUNKTIONEN	49
A ? B	STICHPROBE BILDEN	43

SYNTAX	BEZEICHNUNG	SEITE
A ρ B	STRUKTURIERUNGSFUNKTION	44
A - B	SUBTRAKTIONSFUNKTION	30
A Φ B	TRANSPONIEREN	51
A = B	VERGLEICH AUF GLEICH	40
A > B	VERGLEICH AUF GROESSER	39
A ≥ B	VERGLEICH AUF GROESSER GLEICH	40
A < B	VERGLEICH AUF KLEINER	39
A ≤ B	VERGLEICH AUF KLEINER GLEICH	39
A ≠ B	VERGLEICH AUF UNGLEICH	40
A , B	VERKETTUNGSFUNKTION	45
A τ B	VERSCHLUESSELN	58
× A	VORZEICHENPRUEFUNG	28
- A	VORZEICHENWECHSEL	28
? A	ZUFALLSZAHLEN-GENERATOR	42

LINKES ARGUMENT	KREISFUNKTION
$^-7$	AR TGH
$^-6$	AR COSH
$^-5$	AR SINH
$^-4$	$(^-1+B*2)*.5$
$^-3$	ARC TG
$^-2$	ARC COS
$^-1$	ARC SIN
0	$(1-B*2)*.5$
1	SIN
2	COS
3	TG
4	$(1+B*2)*.5$
5	SINH
6	COSH
7	TGH

B. Übersicht über die Systemvariablen, Systemfunktionen und Steuerbefehle

Systemvariablen

SYNTAX	BEZEICHNUNG	SEITE
□AI	ACCOUNTING INFORMATION	87
□AV	ATOMIC VECTOR	88
□CT	COMPARISON TOLERANCE	86
□IO	INDEX ORIGIN	86
□LC	LINE COUNTER	89
□LX	LATENT EXPRESSION	87
□PP	PRINTING PRECISION	87
□PW	PRINTING WIDTH	87
□RL	RANDOM LINK	87
□TS	TIME STAMP	88
□WA	WORKING AREA	88

Systemfunktionen

SYNTAX	BEZEICHNUNG	SEITE
□CR A	CANONICAL REPRESENTATION	89
□DL A	DELAY	91
□EX A	EXPUNGE	91
□FX A	FUNCTION ESTABLISHMENT	90
□NC A	NAME CLASSIFICATION	90
A □NL B	NAME LIST	90

Steuerbefehle

SYNTAX	BEZEICHNUNG	SEITE
)LIB	ANZEIGEN ALLER ARBEITSBEREICHE	93
)SI	ANZEIGEN UNTERBROCHENER FUNKTIONEN	94
)WSID A	ARBEITSBEREICHSBEZEICHNUNG	94
)OFF	BEENDEN DER APL-SITZUNG	94
)DROP A	ENTFERNEN	92
)FNS	FUNKTIONSNAMEN ANZEIGEN	92
)COPY A	KOPIEREN	93
)LOAD A	LADEN	91
)CLEAR	LOESCHEN EINES ARBEITSBEREICHS	94
)ERASE A	LOESCHEN VON OBJEKTEN	92
)SAVE A	SICHERN	92
)VARS	VARIABLENNAMEN ANZEIGEN	92

C. Lösungen zu den Aufgaben

<u>Zu Teil 2 Abschnitt 2.4</u>

1.   A2B   <u> X </u>

     UMSATZ1985   <u> X </u>

     <u>INDEX</u>   <u> X </u>

     Δ PREIS   <u> X </u>

     4AC   <u>   </u>

     PI QUADRAT   <u>   </u>

     X1X2   <u> X </u>

     G+V-ZUWEISUNG   <u>   </u>

     1MAL1   <u>   </u>

     BS2000   <u> X </u>

2. $GEW \leftarrow UMS - KOS$

     $GKOS \leftarrow (STKOS \times MENGE) + FIXKOS$

     $GKOS \leftarrow FIXKOS + STKOS \times MENGE$

     $SUM \leftarrow ((X1 - X2) + X3) - X4) + X5$

3.   <u>   12   </u>

     <u> EDV-LEITER   </u>

     <u>   4   </u>

     <u>   60   </u>

4. $'MCGREGOR''S\ XY-THEORIE'$

     $'17000 + 2400'$

     $(\iota 4) \times 10$

Zu Teil 2 Abschnitt 3.3

1. $HYP \leftarrow ((A*2)+B*2)*0.5$

$D \leftarrow ((B*2)-4 \times A \times C)*0.5$

$Q \leftarrow (A+B) \div C$

2. $VEK \leftarrow 30 \ 40 \ 45 \ 50 \ 60 \ 70 \ 80 \ 85 \ 90 \ 95$

$VEK[3]$

$VEK[10] \leftarrow VEK[4] \times {}^-2$

3. $+/ \ \iota 100$

4. $10 \ 5 \ \rho \ \iota 3$

5. $+/ \ | \ B$

6. $(\iota 10) \ \circ . \times \ \iota 10$

7.   a) $UMSATZ[4+\iota 4]$

$^-4 \ \uparrow \ 8 \ \uparrow \ UMSATZ$

   b) $\lceil / \ UMSATZ$

   c) $UMSATZ[\ \triangledown \ UMSATZ]$

8. $'APL-FUNKTION' \ \iota \ 'F'$

9. $AGE[20 \ ? \ 200]$

Zu Teil 3 Abschnitt 1.5

1.
```
            ∇LOTTO
   [1]      'TIP 1:    ',₮6?49
   [2]      'TIP 2:    ',₮6?49
   [3]      'TIP 3:    ',₮6?49
   [4]      ∇
```

```
        ∇LOTTO
[4]     [1]
[1]     'TIP 1:    ',⍕X[⍋X←6?49]
[2]     'TIP 2:    ',⍕X[⍋X←6?49]
[3]     'TIP 3:    ',⍕X[⍋X←6?49]
[4]     ∇
```

2.

```
        ∇CEFA
[1]     CELSIUS←(ι41)-21
[2]     FAHRENHEIT←((9÷5)×CELSIUS)+32
[3]     CELSIUS,[1.5] FAHRENHEIT
[4]     ∇
```

3.

```
        ∇XY
[1]     ZEICHENK←⎕
[2]     4 14ρZEICHENK
[3]     ∇
```

Zu Teil 3 Abschnitt 2.3

1.   1+ 3 4 5   X̲

     X←⁻4×0.5   ___

     'ZAPP'ι'C'   X̲

     3 2×4 5 3   ___

     Q←6 AC   ___

     VEK←'A','LPHA'   X̲

     'ABDEF' / 1 0 1 0   ___

     3 ≤ 2   X̲

2.   1. B.

     2. D.

     3. A.

     4. C.

Zu Teil 3 Abschnitt 3.4

1.
```
        ∇A PLUS B
[1]     A+B
[2]     ∇
```

2.
∇E←LOTTO	niladisch	explizit
∇X HYP B;C;D	dyadisch	nicht explizit
∇Q←A B C	dyadisch	explizit
∇RUNDE ZAHL	monadisch	nicht explizit

3.
```
        ∇KAPITAL ARGU;G;K;Z;AJ;EJ
[1]     'GUTHABEN   ANFANGSKAPITAL   ZINS   ANFANGSJAHR   ENDJAHR'
[2]     K←ARGU[⁻3+4×ιANZ←(ρR)÷4]
[3]     Z←ARGU[⁻2+4×ιANZ]
[4]     AJ←ARGU[⁻1+4×ιANZ]
[5]     EJ←ARGU[4×ιANZ]
[6]     G←K×(1+Z)*EJ-AJ-1
[7]     G←((ANZ,1)ρG),((ANZ,1)ρK),((ANZ,1)ρZ),((ANZ,1)ρAJ),(ANZ,1)ρEJ
[8]     8 2 16 2 6 3 13 0 9 0⍕G
[9]     ∇
```

Zu Teil 3 Abschnitt 4.4

1.
)WSID A	SB
)FNS	SB
□AV	SV
□IO	SV
□EX A	SF
□RL	SV
)LIB	SB
□NC A	SF
)DROP A	SB
□LX	SV

2.   4 ↑□*TS*

□*NC 'UMSATZ'*

)*VARS*

)*OFF HOLD*

)*ERASE ROHGEW*

□*CR 'CASHFLOW'*

□*WA*

)*LIB*

D. APL 2

Da sich APL deutlich von den meisten anderen Programmiersprachen unterscheidet, konnte bei seiner Entwicklung häufig nicht auf Bekanntes und Erprobtes zurückgegriffen werden. Dies führte zwangsläufig dazu, daß APL einige Mängel bzw. Verbesserungsmöglichkeiten aufweist. Um diese zu beheben bzw. zu realisieren, sind in den vergangenen Jahren diverse Erweiterungen zum ursprünglichen APL-Konzept entwickelt worden. Beispielhaft sei in diesem Zusammenhang an APL2, Sharp APL oder APL PLUS erinnert (vgl. JANKO 1985, S. 26). Diese Erweiterungen haben teilweise bereits die ursprüngliche APL-Version verdrängt, so daß die wesentlichen Neuerungen, die mit der Einführung einer derartigen Spracherweiterung verbunden sind, im folgenden kurz dargestellt werden sollen. Dabei erfolgt hier eine Beschränkung auf APL2, das als Erweiterung von VS APL anzusehen ist, welches im wesentlichen Bezugssystem der ersten Auflage war.

APL2 bietet gegenüber VS APL Systemerweiterungen und Spracherweiterungen. Die Systemerweiterungen von APL2 betreffen generell die Fähigkeit von APL, in stärkerem Maße auf andere Softwareprodukte zuzugreifen. Insbesondere ist es jetzt möglich, folgende Software in APL2-Anwendungen zu integrieren:

- APL2 ermöglicht den Zugang zu den relationalen Datenbanken DB2 und SQL/DS, wobei die Abfragesprache SQL verwendet werden kann

- APL2 erlaubt die Integration von Programmen, die in anderen Programmiersprachen, z.B. Fortran, abgefaßt sind

- durch Einführung eines Bildschirmeditors wird das Editieren von APL2-Funktionen und alphanumerischen Variablen im Full-Screen-Modus unterstützt und damit wesentlich erleichtert

Insgesamt führen diese - und einige weitere, hier nicht im einzelnen angeführte - Systemerweiterungen zu einer wesentlichen Vergrößerung des Anwendungsbereiches von APL und somit zu effizienteren Anwendungen. So wird es etwa möglich, komplexe, datenbankähnliche Datenstrukturen in APL-Programmen zu verwenden. Ferner können APL-Anwendungen optimiert werden, indem etwa zeitkritische Komponenten in anderen Sprachen programmiert werden. Schließlich führt der Bildschirmeditor zu einer erheblichen Reduzierung des Programmieraufwandes.

Neben diesen Systemerweiterungen weist APL2 gegenüber VS APL eine Reihe von Spracherweiterungen auf. Generell heben diese Spracherweiterungen viele vorher bestehende Beschränkungen auf und bieten neue Funktionen an.

Als grundlegende Neuerung ist die Möglichkeit zur Verwendung generalisierter Arrays (Strukturgrößen) anzusehen. Bislang war es lediglich möglich, innerhalb einer Variablen Komponenten einer Variablenart zu verwenden (vgl. hierzu Teil 2, Kapitel 2.1). APL2 kennt dagegen auch Variablen, die sowohl numerische als auch alphanumerische Daten aufnehmen kann ("mixed arrays").

Beispiel:

      MA ← 'PROD_A' 1280 1200 1310 'PROD_B' 1008 1540 1510

      ρ MA

  8

      ⎕ ← 2 4 ρ MA

PROD_A 1280 1200 1310

PROD_B 1008 1540 1510

Jede Komponente einer Strukturgröße kann ferner selbst aus einer beliebigen Strukturgröße bestehen. Derartige Strukturen werden als geschachtelte Strukturgrößen oder "nested arrays" bezeichnet. Diese Erweiterungen bzgl. der in APL2 verwendbaren Strukturgrößen ließ es notwendig werden, zusätzliche Funktionen und Operatoren in den Sprachumfang aufzunehmen bzw. bestehende Beschränkungen im Anwendungsbereich vorhandener Funktionen und Operatoren aufzuheben. Die folgende Abb. 20 faßt die wichtigsten Unterschiede zwischen APL2 und VS APL (bzgl. Funktionen und Operatoren) tabellarisch zusammen.

Zei-chen	Name	Syntax	Beschreibung der Wirkungsweise	Beispiel	Vgl. S.
≡	Depth	≡ A	Verschachtelungs-tiefe anzeigen	≡ MA 2	-
≡	Match	A ≡ B	Übereinstimmung prüfen	MA ≡ MA	-
↑	First	↑ A	Erstes Teil ent-nehmen	↑ MA PROD_A	55
⊂	Enclose	⊂ A	Umschließen	ρ ⊂ MA , ,	-
⊂	Enclose with axis	⊂ [X] A	Umschließen mit Achsenspezifi-kation	ρ ⊂ [1] 2 4 ρ MA 4	-
⊃	Disclose	⊃ A	Aufdecken	ρ ⊃ MA 8 6	-
⊃	Disclose with axis	⊃ [X] A	Aufdecken mit Achsenspezifi-kation	ρ ⊃ [1] 2 4 ρ MA 6 2 4	-
⊃	Pick	A ⊃ B	Auswählen	2 ⊃ MA 1280	-
∈	Enlist	∈ A	Auflisten	ρ ∈ MA 8	40
⍷	Find	A ⍷ B	Positionsbe-stimmung	1200 ⍷ MA 0 0 1 0 0 0 0 0	54
~	Without	A ~ B	Feststellen, wel-ches Element von A nicht in B ist	1000 1200 ~ MA 1000 1400	-
¨	Each	F ¨ A	Anwendung der Funktion F auf jedes Element von A	1 ↑ ¨ 2 4 ρ MA P 1280 1200 1310 P 1080 1540 1510	-
/	n-wise reduce	F / A	das linke Argu-ment kann jetzt auch eine ganze Zahl sein	2 3 ρ ⍳ 6 1 2 3 4 5 6 2 / 2 3 ρ ⍳ 6 1 1 2 2 3 3 4 4 5 5 6 6	-

Abb. 20: APL2-Funktionen/Operatoren (Neuerungen und Änderungen)
(Teil 1)

⍒	Grade down	⍒ A	Akzeptieren jetzt auch höhere Struk- turgrößen	M← 1 4 2 3 2 1 ☐ ← M ← 2 3 ⍴ M 1 4 2 3 2 1 ☐ ← M [⍒M] 3 2 1 1 4 2	56
⍋	Grade up	⍋ A			
⍕	Format	A ⍕ B	Akzeptiert jetzt auch alphanumeri- sche Variablen als linkes Argu- ment	F ← 8 2 F ⍕ MA [2 3] 1280.00 1200.00	57

Abb. 20: APL2-Funktionen/Operatoren (Neuerungen und Änderungen
         (Teil 2)

Neben diesen wohl wichtigsten Neuerungen und Erweiterungen des
APL2-Sprachumfangs gegenüber VS APL sind noch weitere, hier nicht
explizit aufgeführte Änderungen vorgenommen worden. Beispielsweise
erlaubt APL2 nun die Verwendung komplexer Zahlen und die Positionierung
von Kommentaren hinter jede APL-Anweisung.

Darüberhinaus ist APL2 um einige Steuerbefehle (vgl. dazu Teil 3, Kapitel
4.3) erweitert worden bzw. vorhandene Steuerbefehle sind verändert
worden. Abb. 21 faßt die wesentlichen Neuerungen bzgl. der Steuerbefehle
zusammen.

Syntax	Bezeichnung/Neuerung	vgl. Seite
)EDITOR	legt den zu verwendenden Editor fest	68
)HOST	führt Befehl des Host-Rechnersystems aus	-
)MCOPY	kopiert Objekt aus VS APL in APL2	92
)MORE	Ausgabe weiterer Fehlermeldungen	-
)NMS	Ausgabe weiterer Objektnamen	91
)RESET	Lösen aller "hängenden" Funktionen	93
)SIS	Anzeigen unterbrochener Funktionen mit weiteren Informationen	93
)TIME	Zeitangaben	-

Abb. 21: APL2 - Steuerbefehle

Insgesamt weitet APL2 das bisherige Anwendungsfeld von VS APL erheblich
aus, da vorhandene Beschränkungen aufgehoben und neue Anwendungsmöglichkeiten eröffnet wurden.

E. Aktualisierungen

Zwei Jahre nach Erscheinen der ersten Auflage sind einige Aktualisierungen nötig geworden, die - mit Ausnahme des Literaturverzeichnisses und der Sprachversion APL2, der ein eigenes Kapitel gewidmet wurde - in diesem Kapitel zusammengefaßt werden sollen. Dabei soll auch die Möglichkeit genutzt werden, die in der ersten Auflage enthaltenen Fehler zu korrigieren. Somit gliedert sich dieses Kapitel in die Abschnitte

- Fehlerkorrekturen
- APL auf dem PC

Fehlerkorrekturen

In diesem Abschnitt werden alle bekanntgewordenen Fehler der ersten Auflage korrigiert. Dazu wird in einer ersten Spalte der präzise "Fundort" aufgeführt, in einer zweiten die fehlerhafte Stelle wiedergegeben und in der Zeile darunter schließlich die korrigierte Fassung beschrieben.

Fundort	Fehlerhafte/korrigierte Version
S. 14, 2. Abschn., 1. Zeile	alt: ...mit einem numerischen... neu: ...mit einem numerischen...
S. 15, vorl./letzte Zeile	alt: ...der eckigen Klammern... neu: ...eckiger Klammern...
S. 20, 3. Aufg., letzte Zeile	alt: ...(30:10)... neu: ...(30+10)...
S. 22, Abschn. 3.1.2, 5. Zeile	alt: ...eine Nachschlagewerk... neu: ...ein Nachschlagewerk...
S. 31, Mitte	alt: ...den ganzahligen Rest... neu: ...den ganzzahligen Rest...
S. 37, 1. Abschn., letzte Z.	alt: ...Alternative vier... neu: ...Alternative 4...
S. 37, Mitte	alt: ...Bei dem Logisches Oder... neu: ...Bei dem Logischen Oder...
S. 41, 1. Hinw., 3. Zeile	alt: ...Systemart... neu: ...Systemstart...
S. 50, Beispiel, 1. Zeile	alt: ...3 0 1...senkrecht spiegeln neu: ...2 0 1...waagerecht spieg.
S. 173, 2. Aufg., letzte Zeile	alt: ...((X1 - X2... neu: ...(((X1 - X2...

APL auf dem PC

Nach dem anfangs zögernden, mittlerweile jedoch enorm starken Einzug des Personal-Computers in die Fach- und DV-Abteilungen deutscher Unternehmen hat APL ebenfalls mehr an Bedeutung gewonnen (vgl. LANGE, 1983, S. 129ff.).

Für den PC sind heute verschiedene APL-Versionen verfügbar. In aller Regel werden diese zusätzlich mit Klarsichtschablonen, die den APL-Zeichensatz enthalten, ausgeliefert. Der Anwender kann dann relativ leicht die PC-Tastatur mit den entsprechenden APL-Symbolen bekleben, so daß die Anschaffung einer separaten APL-Tastatur, auf Großrechner-Ebene früher ein erheblicher Nachteil, entfällt.

Mit dem im Rahmen der ersten Auflage umrissenen Sprachumfang von APL, für den übrigens ernsthafte Standardisierungsbestrebungen bestehen, kann auf dem PC in gleicher Weise gearbeitet werden. Zusätzlich ist inzwischen auch ergänzende Standardsoftware erstellt worden, die APL integrierbar macht und z.T. sogar in APL programmiert ist. Als Beispiel sei hier das Standardpaket STATGRAPHICS genannt, das eine umfangreiche Sammlung statistischer Methoden und graphischer Aufbereitungsmöglichkeiten enthält sowie über Schnittstellen zu den gängigen PC-Softwarepaketen verfügt. STATGRAPHICS ist in APL programmiert worden (vgl. die ausführliche fallstudienorientierte Anwendung aus dem betriebswirtschaftlichen Bereich der Prognosetechniken unter Einsatz von STATGRAPHICS in CURTH/WEISS, 1987, S. 123-141).

F. Literaturverzeichnis

Balzert, H.:   Die Entwicklung von Software-Systemen, Mannheim, Wien,
                      Zürich 1982

Curth, M.A.:   Ablaufdiagramme, in: Mertens, P. u.a. (Hrsg.): Lexikon
                      der Wirtschaftsinformatik, Berlin, Heidelberg 1987, S.
                      3 - 5

Curth, M.A.:   Datenflußplan, in: Mertens, P. u.a. (Hrsg.): Lexikon
                      der Wirtschaftsinformatik, Berlin, Heidelberg 1987, S.
                      108f.

Curth,M.A.; Weiss, B.: PC-gestützte Managementtechniken, München, Wien
                      1987

DIN (Hrsg.):   Sinnbilder für Datenfluß- und Programmablaufpläne (DIN
                      66001), 1977

Falkoff, A.D.; Iverson, K.E.: The Design of APL, in: IBM J. Res. Develop.
                      7/1973, S. 324 - 334

IBM (Hrsg.):   APL Data Interface II Benutzerhandbuch, Stuttgart 1982

IBM (Hrsg.):   UPLX Anwendungshandbuch, Stuttgart 1981

Iverson, K.E.:   A Programming Language, New York 1962

Janko, W.:   APL in der betrieblichen DV, in: Angewandte Informatik
                      1/1985, S. 17 - 28

Lange, C.:   A new dawn for APL, in: Datamation 9/1983, S. 129 -
                      133

Martin, J.:   Application Development without Programmers, New
                      Jersey 1983

Nassi, I.; Shneiderman, B.: Flowchart Techniques For Structured Program-
                      ming, in: SIGPLAN Notices 8/1973, S. 12 - 26

Österle, H.:   Entwurf betrieblicher Informationssysteme, München, Wien 1981

Polivka, P.;Pakin, S.: APL: the language and its usage, Englewood Cliffs, New Jersey 1975

Schmitz,P.; Seibt. D.: Einführung in die anwendungsorientierte Informatik, München 1985

Schneider, S.; Schwab, P.; Renninger, V.: Wesen, Vergleich und Stand von Software zur Produktion von Systemen der computergestützten Unternehmensplanung, Arbeitsberichte des Instituts für mathematische Maschinen und Datenverarbeitung, Band 16, Nr. 5, Friedrich-Alexander-Universität von Erlangen-Nürnberg, Erlangen 1983

Specht, J.:   APL-Praxis: Demonstration von Sprach- und Stilelementen einer Programmiersprache, Stuttgart 1983

Zilahi-Szabo,M.G.: APL - lernen, verstehen, anwenden, München, Wien 1986

Stichwortverzeichnis

ACCOUNTING INFORMATION 86
ALL 159
APL 2
– Data Interface 158
– Arbeitsbereich 13
– Programm 68
– Sitzung beenden 93
– Standardsoftware 151 ff.
– Tastatur 10 f.
– Zeichensatz 10 f.
APL2 2
APLDI-II 158
APLSV 2
ATOMIC VECTOR 87
AUTOFILTER 165
Abbruchkriterium 119
Abrechnungsinformation 86
Abrundungsfunktion 28
Absolutbetrag bilden 28
Additionsfunktion 28
Aktivieren 57
Aktivierungsfunktion 103 f.
Algorithmus 106
Anweisungen 68
Anwendungsstau 7
Anzeigen
– Arbeitsbereiche 97
– Funktionsnamen 91
– Variablennamen 91
– der Funktion 70 f,
– unterbrochener Funktionen 93
Arbeitsbereich 92 ff.
– anzeigen 92
– Bezeichnung 93
– löschen 93
Arithmetische Funktionen 23, 27 ff.
Aufreihen 150
Aufreihungsfunktion 44, 53
Aufrundungsfunktion 27 f.
Aufstufen 59, 150
Ausführungsmodus 64
Ausgabe
– auf Bildschirm 17 f.
–, Gestaltung 119 ff.
Ausgangszufallszahl 42, 86
Äußeres Produkt 29, 59 f., 150

Backspace-Taste 10
Balkendiagramm 154
Barwertmethode 110

Bedingte Verzweigung 97 f.
Beenden der APL-Sitzung 93
Bestimmtheitsmaß 164
Bezeichnung des Arbeitsbereichs 93
Binomialkoeffizientenbildung 33 f.
Blank 16, 47
Boole'sche Größe 23, 36, 37, 39
Boole'sches Negieren 37

CANONICAL REPRESENTATION 88 f.
CHARACTER ERROR 75
CLEAR 93
COMPARISON TOLERANCE 85
COPY 92, 162
Computergenerationen 1
Cosinus 35

DBMS 158
DELAY 90
DOMAN ERROR 74
DROP 91
Daten 13
Datenbank 158 ff.
– Managementsystem 158
Datenfreigabe-Taste 18
Datenverarbeitung, individuelle 7
Deaktivieren 55 f., 111
Defaultwert 41, 85
Definitionsmodus 64
Dialogorientierung 6
Differenzreihe 140
Dimension zeigen 52 f.
Divisionsfunktion 29
Dokumentation 7, 106
Dyadisch 21, 24
– Funktionen 21
Dynamische Variablendefinition 5, 17

EXPUNGE 90
Editierfunktionen 70 ff.
Eigenerstellung 151
Einfügen einer Zeile 72
Eingabe vom Bildschirm 17 f.
Entfernen 54
– Arbeitsbereich 91
Entnehmen 54
Entscheidungsbaum 144
Entschlüsseln 57 f.
Ergebnis 82 ff.
–, explizites 82, 100, 133
– Variable 82

Existenzprüfung 39 f.
Expandieren 47 f.
Explizites Ergebnis 82, 100, 133
Exponentialfunktion 32-

F-Wert 164
FNS 91
FREQ 159
FUNCTION ESTABLISHMENT 89
Fakultätsbildung 32, 34
Fehler 74 ff.
–, logische 74
–, syntaktische 74
– Behandlung 74 ff.
– Meldungen 74 ff.
Formatieren 56 f., 111
Freie Speicherstellen 87
Fremdbezug 151
Fremderstellung 151
Funktionen 18
– anzeigen 70 f.
– Ausführung 69 f.
– zur Umwandlung von numerischen und
  alphanumerischen Variablen und
  Daten 23, 55 ff.
–, Anzeigen unterbrochener 93
–, Definiton von 64 ff.
–, Kriterien zur Einteilung 21
–, System- 88 ff.
–, arithmetische 27 ff.
–, dyadische 81
–, höhere mathematische 32 ff.
–, logische 36 f., 103 f.
–, mathematische Grund- 27 ff.
–, monadische 81
–, niladische 81
–, rekursive 140 ff.
–, strukturkomponentenbestimmende
  52 ff.
–, strukturverändernde 42 ff.
–, trigonometrische 35 f.
–, vergleichende 38 ff., 103 f.
–, zahlenerzeugende 23, 40 ff.
– Namen anzeigen 91

GRAPHPAK 153
Globale Variablen 83 f., 120, 124
Graphik 152 ff.
Grundfunktionen, math. 27 ff.

Halblogarithmische Darstellung 56
Hauptprogramm 127
Heizgradtage 117, 124, 127, 162
Hilfsvariable 113

INDEX ERROR 75
INDEX ORIGIN 85
INQ 159

Indexanfang 41, 85
Indexvektor-Generator 40 f.
Individuelle Datenverarbeitung 7
Indizieren 15 f., 26, 45, 46, 47, 49, 50, 53,
  57 f.
Initialisierung 113
Inneres Produkt 60 f.
Interpretersprache 69
Iteration 115 ff.
–, Abbruchkriterium am Ende 120 f.
–, Abbruchkriterium zu Beginn 119 f.
–, Abbruchkriterium innerhalb 121 f.
– mit variabler Anzahl von Durchläufen
  122 ff.

Kommentare 106 ff.
Komprimieren 46 f.
Kopfzeile 68, 82, 83
Kopieren von Variablen/Funktionen 92
Korrespondierend 25
Kreisfunktionenbildung 35 f.
Kuchendiagramm 157

LATENT EXPRESSION 86
LENGTH ERROR 75 f.
LIB 92
LINE COUNTER 88
LOAD 90 f., 162
Löschen Arbeitsbereich 93
Laden 90 f.
Latenter Ausdruck 86
Leerer Vektor 53
Lineares Gleichungssystem lösen 33 f.
Logarithmieren 33
– zur Basis e 32, 35
Logischer Fehler 74
– Funktionen 23, 36 f., 103 f.
Logisches
– Nicht 37
– Oder 37
– Und 36 f.
Lokale Variable 83 f.
Löschen einer Zeile 71 f.
– von Variablen/Funktionen 91

Marke 97, 98, 120, 121
Maschinenorientierte Sprache 2
Maschinensprache 2
Matrix 14, 24
– Inversion 33
Matrizenprodukt 33, 61
Matrizenverarbeitung 142 ff.
Maximumermittlung 30
Mehrfachverzweigung 100 ff.
Methoden des Programmentwurfs
  64 ff.
Minimumermittlung 31
Modulare Problemlösung 130 ff.

Monadisch 21
– Funktionen 81
Multiplikation mit Pi 35
Multiplikationsfunktion 29

NAME CLASSIFICATION 89 f.
NAME LIST 89
Nachricht 13
Neutralisierung einer Funktion 89
Nichtverbale Symbole 3, 10
Niladische Funktionen 81

OFF 93
OFF HOLD 93
Operatoren 18, 25, 58 ff.

PARTKOR 167
PRINTING PRECISION 86
PRINTING WIDTH 86
Phasenschema 64
Planungssprache 8
Positionsbestimmung 53 f.
Potenzieren 30
Problem Space Window 153
Programm 2, 68, 151
–, Haupt- 127
–, Unter- 127 ff.
Programmablaufplan 64 ff., 106
Programmdokumentation 106
Programmentwurf 64 ff.
–, Methoden 64 ff.
Programmiersprache 2
–, problemorientiert 2, 19, 22
Programmkopf 107
Programmname 68
Pseudoschleifen 125 ff.
Pseudoverzweigungen 103 ff.

RANDOM LINK 86
RANK ERROR 76
REGR 163
Radizieren 30, 35
Rang 15
Rechts-Links-Regel 5, 19, 29, 58, 60, 97
Reduktion 28, 31, 58 f., 101, 150
Regressionskoeffizient 164
Regressionsmodell 117, 162
Rekombination von Zeichen 3, 10 f.
Rekursive Funktionen 140 ff.
Restbildung 31
Return-Taste 18
Reziprokwert 27
Rotationsfunktion 49 f.

SAVE 91
SELECTION 159
SI 93
SVP 153

SYNTAX ERROR 74, 81
Scaling Viewport 153
Schichten 46, 111, 150
Schleife 119
– Zähler 120
–, Pseudo- 125 ff.
Schlüsselwort 3, 10, 64
Shared Variables 2
Shift-Taste 10
Sichern Arbeitsbereich 91
Simulationsmodell 116 ff.
Skalar 14, 24
Software 151
–, Statistik- 161 ff.
Sortierindexbildung 55
Spiegeln 48 f.
– um diagonale Achse 49
– um senkrechte Achse 48
– um waagerechte Achse 48
Sprache
–, Maschinen- 2
–, maschinenorientiert 2
–, Planungs- 8
–, Programmier- 2, 22
Standardfehler 164
Standardsoftware 151
Statistiksoftware 161 ff.
Steuerbefehle 90 ff.
Stichprobe bilden 42
Stopvektor 79 f.
Struktogramm 64 ff., 106
Strukturierungsfunktion 43 f.
Strukturkomponentenbestimmende
    Funktionen 23, 52 ff.
Strukturverändernde Funktionen 23, 42 ff.
Subtraktionsfunktion 29
Symbole, nichtverbale 3, 10
Syntaktische Fehler 74
Systemfunktionen 88 ff.
Systemvariablen 85 ff.

T-Wert 164
TIME STAMP 87
Tabellenverarbeitung 142 ff.
Taste
–, Backspace- 11
–, Datenfreigabe- 18
–, Return 18
–, Shift- 11
Teilnehmersystem 6
Testhilfen 76 ff.
Testvektor 77 f.
Toleranz 85
Transponieren 50 ff.

UPLX 161 ff.
Unbedingte Verzweigung 98 f.
Unterbrochene Funktion 93

Unterprogramm 127 ff.
Überschreiben einer Zeile 71

VALUE ERROR 74 f.
VARS 91
Variable 13
–, alphanumerisch 13, 18
–, global 83 f., 120, 124, 153
–, Hilfs- 113
–, lokal 83 f.
–, numerisch 13, 18
–, Wertzuweisung 16 f.
Variablenart 13
Variablendefinition 13
–, dynamisch 5, 17
Variablenname 16 f.
– anzeigen 91
Variablenstruktur 14 ff., 17, 43
–, höhere 15
Variables, Shared 2
Varianz 164
Vektor 14, 24
–, leerer 53
Verarbeitung
– von Matrizen 142 ff.
– von Tabellen 142 ff.
Vergleich 38 ff.
– auf „gleich" 39
– auf „größer" 38
– auf „größer gleich" 39
– auf „kleiner" 38
– auf „kleiner gleich" 38
– auf „ungleich" 39

Vergleichende Funktionen 23, 38 ff., 103 f.
Verketten 25 f., 44 ff., 111
Verschlüsseln 57
Verzweigung 96 ff.
–, bedingt 97 f.
–, Beenden des Programms durch 99 f.
–, Mehrfach- 100 ff.
–, Pseudo- 103 ff.
–, unbedingt 98 f.
Vorzeichenprüfung 27
Vorzeichenwechsel 27

WORKING AREA 87
WS FULL 76
WSID 93
Wertigkeit 21
Wertzuweisung an Variablen 16 f.
Wiederholung 119

Zahlenerzeugende Funktionen 23, 40 ff.
Zeichen, Rekombination 3
Zeichenketten 13, 18
Zeichensatz, APL- 10 f.
Zeile einfügen 70, 72
Zeile löschen 71 f.
Zeile überschreiben 70
Zeilenbreite 86
Zeilennummer, aktuelle 87
Ziehen ohne Zurücklegen 42
Zufallszahlen 35
–, Ausgangswert zur Erzeugung von 42
– Generator 42 f.
Zuweisungspfeil 3, 17